汉竹主编·健康爱家系列

让孩子明白二十四节气

汉竹 主编

汉竹图书微博
http://weibo.com/hanzhutushu

江苏凤凰科学技术出版社
全国百佳图书出版单位

想玩斗蛐蛐？
想学放风筝？
想知道寒衣节的由来？
答案都在这里！

导读

小朋友，你知道一年有四个季节、二十四个节气，那你知道还有七十二物候吗？

小朋友，中秋节、端午节、春节，你是不是很熟悉啦！那你知道寒食节、寒衣节、中元节的来历吗？

小朋友，你能把二十四节气完整无误地说下来吗？

你可能会在每年的春天感叹树发芽了；会在炎热的夏天吃冰棒；会在飘满黄叶的秋天捡一片美丽的叶子；会在冬天下过雪的地上堆一个雪人。那你知道在不同的节气还可以做哪些好玩的事儿吗？

二十四节气跟四季一样都是古人用来记录时间的，但二十四节气更加详细地记录了大自然中气候、物候的变化，体现了古人观察自然、顺应自然的智慧。我们的祖先通过观察太阳周年的变化，发明了精炼并且极富诗意的二十四节气，概括了春之美、夏之华、秋之凉、冬之寂，并以二十四节气为时间参照进行春耕秋收、夏盈冬藏。不仅用它来指导农业生产，还用它预测冷暖雪雨。

“春打六九头”“春雨贵如油”“清明时节雨纷纷，路上行人欲断魂”，这些耳熟能详的句子都是在描写节气。小朋友，你想知道更多关于二十四节气的习俗和故事吗？赶快打开这本书，感受节气之美吧！

目录

寒露 /120

霜降 /128

二十四节气歌

春雨惊春清谷天，
夏满芒夏暑相连，
秋处露秋寒霜降，
冬雪雪冬小大寒。

第一章
你了解二十四节气吗？

小朋友，你有没有在春分日仰望天上的北斗七星，在夏至日观察影子长短的变化，在秋分日注意昼夜变化，在冬至日吃饺子、汤圆？长辈有没有给你讲过节气？你有没有问过长辈为什么会有这些节气？其实，无论是在城市还是在农村生活，我们都是大自然的孩子，这些包含在二十四节气中的习俗和有趣的现象，都是大自然赠予我们的礼物，是时间流转的体现，是我国先民智慧的结晶！

二十四节气是怎样形成的？

万物生长离不开太阳，太阳在人类的生活中起着至关重要的作用，所以我们聪明的祖先通过观察太阳的周期性变化及其对自然的影响，最早发明了“两至”，也就是夏至和冬至。

商周时期，古人继续根据太阳的周期性变化，增加了“两分”，即春分和秋分。

到了春秋时期，人们的农事劳动越来越离不开气象变化，所以又增加了“四立”，为立春、立夏、立秋、立冬。

到秦汉年间，二十四节气形成。

二十四节气对我国农业的发展有着重要的影响，直到现在，农民伯伯依然可以通过它来掌握时间的变化，确定农作物的播种和收割时间。

目前的二十四节气是根据太阳在黄道上的位置来划分的。太阳从春分点出发，每前进 15° 为一个节气，运行一周又回到春分点，为一回归年，合 360° ，因此分为 24 个节气。

为什么一年会被分为四季和二十四节气？

地球绕太阳公转一周就是地球上的一年，而地球在公转轨道不同的位置上所接受到的太阳光热量是不一样的，这种光热变化的差异造成了地球上寒暑交替的时间性变化，所以就有了四季。

我们聪明的祖先根据月初、月中的日月运行位置和天气及动植物生长等自然现象，把一年大致分为二十四份，并且给每份取了专有名称，这就是二十四节气。

一年分为四个季节，每个季节里有六个节气，两个节气间隔约为半个月，这二十四个节气刚好分列在一年的十二个月里。

二十四节气起源于中国的黄河流域，是以黄河流域的气候、物候为依据划分的，因为这里四季分明，物候变化比较明显。

黄河流域是中国的原始农业起源地，中国自古以来就是一个农业非常发达的国家，由于农业和气象之间关系密切，所以古人从长期的农业劳动实践中，累积了有关农时与季节变化关系的丰富经验。因此二十四节气还是中国古代订立的一种用来指导农事的补充历法。

小朋友，你的家乡是不是一年四季都很分明呢？可不可以告诉爸爸妈妈你都了解哪些节气呀？

为什么二十四节气又被分为七十二物候？

古人说："不违农时，谷不可胜食也。"意思是不耽误农事耕作时间，就会有吃不完的粮食。由此可见，根据农时进行农事活动是多么重要。而七十二物候是我国最早的结合天文、气象、物候知识指导农事活动的历法，是基于二十四节气发展而来的。

小朋友，你知道"物候"是什么吗？

物是指自然界中的生物或者非生物，候是气候的意思，物候是大自然中的生物或非生物受气候及环境的影响而出现的现象。草木发芽、展叶、开花、结果，昆虫的活动、繁殖，候鸟的迁徙等生物现象以及风、雨、雪、霜、雷等天气现象，皆统称为物候。

物候为什么有七十二个呢？

祖先以五天为一候，三候为一个节气，六个节气为一个季节，四个季节为一年，所以一年有二十四节气、七十二物候。

二十四节气是世界非物质文化遗产哦！

2016年11月30日，联合国教科文组织保护非物质文化遗产政府间委员会通过审议，批准中国申报的“二十四节气——中国人通过观察太阳周年运动而形成的时间知识体系及其实践”列入联合国教科文组织人类非物质文化遗产代表作名录。

“二十四节气”是中国人通过观察太阳周年运动，认知一年中时令、气候、物候等方面变化规律所形成的知识体系和社会实践。它指导着传统农业生产和日常生活。在国际气象界，这一时间认知体系被誉为“中国的第五大发明”。

二十四节气充分体现了尊重、顺应自然规律的可持续发展理念，是古人智慧的结晶，也与我们现代社会所提倡的绿色发展理念不谋而合。

和爸爸妈妈一起学节气歌

二十四节气歌

扫码听诗词

立春梅花分外艳，雨水红杏花开鲜；惊蛰芦林闻雷报，春分蝴蝶舞花间。
清明风筝放断线，谷雨嫩茶翡翠连；立夏桑果胜樱桃，小满养蚕又种田。
芒种育秧放庭前，夏至稻花如白练；小暑风催早豆熟，大暑池畔赏红莲。
立秋知了催人眠，处暑葵花笑开颜；白露燕归又来雁，秋分丹桂香满园。
寒露菜苗田间绿，霜降芦花飘满天；立冬报喜献三瑞，小雪鹅毛片片飞。
大雪寒梅迎风狂，冬至瑞雪兆丰年；小寒游子思乡归，大寒岁底庆团圆。

趣味亲子游戏

请小朋友和爸爸妈妈在以下三栏中任选一栏，并写出对应的节气。

杏花开——（ ） 赏莲花——（ ） 桂花香——（ ）

放风筝——（ ） 知了叫——（ ） 芦花飘——（ ）

写完后，请小朋友和爸爸妈妈一起在二十四节气歌中寻找答案吧！

正确答案：杏花开——（雨水） 赏莲花——（大暑） 桂花香——（秋分）

放风筝——（清明） 知了叫——（立秋） 芦花飘——（霜降）

兔子老师 

金鱼老师 

松鼠老师 

企鹅老师 

带你领略二十四节气的变幻之美！

第二章
来认识二十四节气吧！

在时间的流转中，处处隐藏着大自然奇妙的韵律：“惊蛰”带来了春天的生机，夏天在“立夏”中开始，“白露”催红了秋天的枫叶，“大雪”给冬天裹上银装。二十四节气，承载着中国传统文化的底蕴，完美地融汇了天文、物候、农事、民俗，体现了人们观察时间、自然、生活的独特视角。

立春

一年中的第一个节气就是立春，一般在公历的2月3日至5日之间入节。“立”是开始，“春”是萌动，表示春天到了，万物开始有生气了。中国由于南北气候差异较大，北方地区在立春时节气温仍然比较低，不过此时风已经不像冬天那样凛冽，农民伯伯在做防寒防冻工作的同时，也在积极准备春耕了。

动动小手，记下立春吧！

立春，又叫“打春”，从这一天到立夏都是春天。现在就让我们记录下立春这一天吧！

______年

______月

______日

› 今天天气是晴、雨、雪、阴的哪一种呢？在下面画出来吧！

› 用红笔在右图上画出今天的最高气温和最低气温。

七十二物候·立春

立春是二十四节气之首，因此又被称为岁春。属于立春的三候排在七十二物候中的前三位，它们分别讲述了立春的哪些天气现象和自然现象呢？小朋友赶快来了解一下吧！

三候

一候东风解冻，

二候蛰（zhé）虫始振，

三候鱼陟（zhì）负冰。

兔子老师开讲啦！

东风解冻：东风送来温暖，气温慢慢回升，寒冰也渐渐消融，大地开始解冻。

蛰虫始振：冬眠的小动物们感受到了春的暖意，僵硬的身体慢慢变得柔软，从冬眠中醒了过来。

鱼陟负冰：天气回暖，冰面开始解冻，鱼儿感受到春的召唤，奋力地向上游，很是欢畅。

你知道立春的习俗吗？

在我国民间，有许多关于立春有趣的习俗，快一起来看一看吧。看完以后，可以试着给爸爸妈妈讲一讲，当一回小老师哦！

咬春——咬萝卜、吃春饼

立春这天，有的地方盛行咬萝卜，有的地方流行吃春饼，都称为“咬春”，有迎接新春的意味。

煨春——吃春茶

我国浙江温州一带有“煨春”的习俗，即吃春茶。在立春这天吃春茶，取吉祥幸福、升官富贵之意。

接春——烧春柴

快到立春的时候，家家户户会提前打扫庭院，然后在庭院和每个房间各放置一堆和干柴混合的樟树枝叶，俗称“春柴”。立春时刻一到，人们便自外向内依次点燃春柴，并燃放鞭炮，称为“接春”，意思是将“春”自门外迎回屋内。小孩子要在火堆上蹿跃而过，传说这样能保佑他们平安长大。

接春有驱寒迎暖之意。

立春的小故事

民间流传着许多有关立春时节的故事，或具有特殊含义，或寓意着对生活的美好向往。小朋友，一起来读有趣的故事吧！

老鼠嫁女

相传猫因为老鼠作祟所以没能进入十二生肖之列，从此和老鼠结了仇。老鼠们想要和猫化解怨恨，便请黄鼠狼做媒婆，将最漂亮的一只老鼠许配给猫，猫满口答应。于是老鼠们便在正月初七这天，偷了一只小孩的虎头鞋充当花轿，把最漂亮的那只老鼠送到了猫窝，结果猫一口把送来的老鼠吃掉了。

乞丐扮春官

古时候，在立春这一天，掌管农事的春官得在街上巡游一圈。有时候真正的春官不愿出来，就请乞丐假扮。乞丐头顶着乌纱帽，身穿着官服，脚蹬着漂亮的靴子，坐在大红色的轿子里表演，惹得众人大笑。

鞭打春牛

用牛翻土犁地，准备播种。

古时候，每到立春，官府要带一大拨人到郊外举行“鞭春牛”活动，目的是鞭去老牛的惰性。官府先准备好泥巴做的土牛，到了立春这天，带着浩浩荡荡的迎春队伍来到土牛台，用鞭子把土牛打碎，人们会争抢春牛土，谓之抢春，以抢得牛头为最好寓意。

传统节日——春节

春节是最富有中国特色的传统节日，一般指农历正月初一。其实，传统意义上的春节多是从腊月初八的腊祭一直到正月十五的元宵节。

贴春联

春联又叫对联、对子，每到快过年的时候，家家户户都会上街购买春联，有的人家还会贴门神、贴年画，代表着辞旧迎新，迎春接福。

团圆饭

在春节吃“团圆饭”是非常重要的，一家老小围坐餐桌旁，共享天伦，其乐融融。北方人过春节喜欢吃饺子，为了讨吉利，会把硬币、糖、花生和肉馅一起包进新年吃的饺子里。南方人春节一般吃汤圆和年糕，有全家团圆、美满甜蜜的寓意。

放鞭炮

在春节期间，人们会燃放烟花、鞭炮来庆祝春节。中国民间有“开门爆竹”一说，即在大年初一的早上，家家户户早早起床，开门第一件事就是燃放爆竹，以噼里啪啦的爆竹声除旧迎新。但是鞭炮十分危险，小朋友要在爸爸妈妈的看护下玩耍哦！

鞭炮有爆竹、炮仗、爆杆等多种说法。

年长者守岁有珍爱光阴之意。

守岁又叫照虚耗、熬年夜、守岁火、照岁。

守岁

在古代，除夕晚上全家人一起吃过年夜饭后，便会点燃蜡烛或油灯，围坐炉旁畅聊，通宵守岁。除夕夜在家里点遍灯烛，通宵不灭，谓之“照虚耗”，象征着把一切邪病瘟疫驱走，祈求来年顺顺利利，无病无灾。现在的我们在吃过团圆饭后，通常是全家人聚在电视旁，观看春节联欢晚会，等待新一年的到来。

压岁钱

大年初一，小孩子要给长辈拜年，祝福长辈身体安康、长命百岁，而长辈会给小孩子压岁钱。因为“岁”与“祟”同音，所以压岁钱有驱除邪祟的寓意，长辈希望孩子可以平平安安，顺利长大。

植物小百科：迎春花开了

立春到了，冬天的寒冷气息还没有完全消散，春风就已经唤醒了迎春花，它静悄悄地在墙角处开放，细长的枝条上点缀着嫩黄色花朵，预示着春天的脚步近了。

你可以给迎春花上色吗？

迎春花是先花后叶植物，花单生在枝条上，有淡淡的清香。花朵为金黄色，外染红晕，花期一般在2~4月。植株高30~100厘米，小枝细长直立或呈拱形下垂，叶子呈卵形或圆形。

扫码听诗词

玩迎春花赠杨郎中

唐·白居易

金英翠萼带春寒，黄色花中有几般。
凭君与向游人道，莫作蔓菁花眼看。

这首诗语义双关，诗人既赞美了迎春花不畏严寒、迎春怒放的品格，也借此表明自己是有气节、有骨气的君子。

迎春花向着太阳生长，生命力强。

辨别迎春花和连翘花

迎春花和连翘花开放时间近，颜色一样，花形还很相似，小朋友要注意区分哦。迎春花枝条向下，花朵多是六瓣且朝上生长；连翘花的枝条向四面伸展，花朵多是四瓣且朝下生长。让爸爸妈妈带你去观察这两种花吧！

雨水

雨水是二十四节气中的第二个节气，在公历2月18日至20日之间入节。立春后万物开始生长，需要雨水的滋润，而且随着天气的渐渐回暖，冰雪融化，降水量逐渐增多，正如农谚所说：“立春天渐暖，雨水送肥忙。”雨水时节气温回升，乍暖还寒，气温变化较大，容易引起感冒、咳嗽等身体不适，所以要注意防寒保暖哦！

动动小手，记下雨水吧！

雨水时节生机萌动，自然界开始展现出欣欣向荣的景象。现在就让我们记录下雨水这一天吧！

____年

____月

____日

› 今天天气是晴、雨、雪、阴的哪一种呢？在下面画出来吧！

› 用红笔在右图上画出今天的最高气温和最低气温。

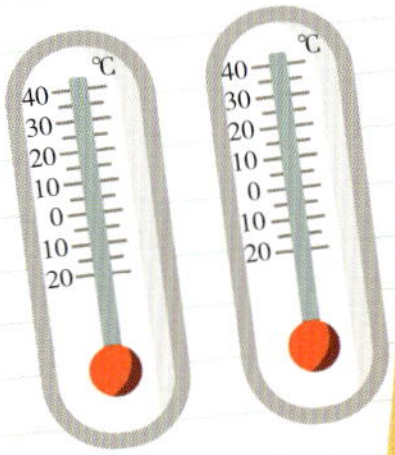

七十二物候 · 雨水

雨水是反映降水现象的节气，代表干燥寒冷的天气基本结束了，气温回暖，生物开始活动起来。那么，雨水的三候分别讲述了大自然的哪些变化呢？

三候

一候獭祭鱼，

二候鸿雁北，

三候草木萌动。

兔子老师开讲啦！

獭祭鱼：池塘里的冰彻底解冻，鱼儿终于可以跃出水面了，饿了一冬天的水獭，高兴地捕获了很多鱼儿来填饱肚子。

鸿雁北：北方天气渐渐变暖，成排的大雁从南方飞回北方，仿佛在告诉人们：春天来了。

草木萌动：随着地表温度的回升，草木偷偷露出头，抽出新芽。

一起来学习 雨水节气的农俗吧！

“七九河开，八九雁来，九九加一九，耕牛遍地走。”雨水节气对于一年的农作物生长特别重要，小朋友，快来看看这个时节农民伯伯都有哪些要忙碌的事情吧！

拔节孕穗

雨水时节，小麦等一些禾本科植物开始快速发育。它们一节节的生长叫拔节，拔节是需要很多水分的，所以农民伯伯会特别关注雨水节气的天气情况，及时浇灌，以满足作物拔节和孕育穗子的需求。

储存雨水

水蓄满了，春耕就不怕缺水了。

“水满塘，粮满仓，塘中无水仓无粮。”这是一句有关雨水节气的谚语，意思是这个时节应该趁机储存雨水。农作物的生长离不开水，天气干旱的时候，用这时候储存的雨水浇灌，就不会影响整年的收成。

田地施肥

民间有“春雨贵如油”的说法，所以在雨水节气进行春耕是很重要的。田地里的农作物开始返青生长，农民伯伯要检查它们是否缺水，发现干旱要及时浇水，还要把农家肥撒在田地里，然后耕地、整地，借着春耕，让农家肥融入土里成为农作物生长的养料，为春种做准备。

你知道雨水的习俗吗？

一年中最冷的季节已经过去，雨水时节大地开始呈现出更多的绿色。这个时节距离春节刚过去不久，不少人还沉浸在春节的喜悦中。

占稻色

客家人在雨水时节有占稻色的习俗，“占稻色”就是通过爆炒糯谷米来占卜当年稻谷收获的丰歉。爆炒出来的糯米花越多，就寓意着今年的收成越好。

回娘家，女婿送节

有些地方的习俗是出嫁的女儿要在雨水时节回娘家看望父母，一同回去的女婿要带特定的礼品，通常是一丈二尺长的红带和罐罐肉，以此表达对岳父岳母的敬意。

罐中有猪脚、海带、黄豆、红枣等。

想一想

如果说立春是春天的第一乐章奏鸣曲，春寒料峭。那么在雨水之后，便进入了春天的第二乐章变奏曲，乍暖还寒。小朋友，请仔细观察进入雨水节气后的变化，和家人分享你的体会吧！

传统节日——元宵节

每年的农历正月十五为元宵节，又称“上元节”。元宵节与雨水节气时间相近，是继春节后第一个重要且热闹的中国传统节日。

吃元宵

元宵节最重要的习俗就是吃元宵了。元宵以白糖、玫瑰、芝麻、豆沙、核桃仁、枣泥等为馅，用糯米粉包成圆形，可煮着吃、油炸吃和蒸着吃。元宵又叫汤圆，有团圆美满之意。

谜语字条系在彩灯尾端，便于人们打开。

逛灯会、猜灯谜、放烟花

在元宵节那天，街上会挂起各种各样的灯笼，五颜六色的灯笼在夜色中闪烁，吸引着游人的目光。灯笼上还会写一些谜语让大家猜，猜中了会有礼品相送，这就是猜灯谜。除了逛灯会、猜灯谜，元宵节当晚还会有绚丽的烟花表演供大家观赏。

舞龙舞狮

舞龙舞狮中的龙和狮子都是人扮演的。狮子有抖毛、打滚、腾跃、蹬高、滚彩球等动作，龙有跳、摇、扭等动作，非常热闹、好看。

踩高跷

踩高跷就是把脚绑在用木头制成的高跷上，表演者穿上各种有趣的衣服，做着有趣表情，走在街上表演。有单人表演，也有双人表演，是中国传统民俗活动之一。

扭秧歌、划旱船

扭秧歌、划旱船的人都要穿着特制的衣服。划旱船的人站在用木头做的船中，随着扭秧歌的人一起舞蹈。

猜灯谜

屋子方方，有门没窗，屋外热烘，屋里冰霜。（打一电器）——谜底：冰箱

嘴巴不多却能闹。（打一字）——谜底：吵

为数虽少，却在百万之上。（打一字）——谜底：一

什么菜永远煮不熟？（打一蔬菜）——谜底：生菜

植物小百科：油菜花开了

早春的时候,大片大片的油菜花开放，远远望去,犹如金灿灿的花海。油菜花花香浓郁,人在油菜花田中待一会儿，全身都会沾染上香气。它不仅是观赏性植物，结出的油菜子还能榨油；蜜蜂会在花上采蜜,人们可以制成油菜花蜜。

你可以给油菜花上色吗？

油菜花的茎秆墨绿,高挑挺拔。几十朵小花聚生在花枝的顶端，像一个小球。每朵花有 4 个黄色的花瓣，呈倒卵形，花瓣上有明显的网脉，排列成十字形。

扫码听诗词

宿新市徐公店

南宋·杨万里

篱落疏疏一径深，树头花落未成阴。
儿童急走追黄蝶，飞入菜花无处寻。

篱笆稀稀落落，一条小路通向远方，树上的花瓣纷纷飘落，新叶长出但尚未形成树荫。小孩子飞快地奔跑着追赶黄色的蝴蝶，可是蝴蝶飞入油菜花田就再也找不到了。

收集的花瓣需要先风干。

收集油菜花，做书签

等到油菜花开的时候，小朋友可以和爸爸妈妈一起去油菜花田游玩，同时收集一些散落在地上的花瓣，回家后制做干花书签。

惊蛰

惊蛰是二十四节气中的第三个节气，在公历 3 月 5 日至 6 日之间入节。惊即惊醒，蛰即藏，惊蛰就是春雷把蛰伏于地下的小动物惊醒了。不过，小动物们苏醒的真正原因其实是气温回升。“惊蛰至，雷声起”，此时地面附近的暖湿空气上升，和冷空气交汇碰撞，就会产生雷电。春雷是惊蛰节气中最有代表性的自然现象。

动动小手，记下惊蛰吧！

惊蛰气温回升较快，中国大部分地区的平均气温升到 0℃以上。现在就让我们记录下惊蛰这一天吧！

____年

____月

____日

› 今天天气是晴、雨、雪、阴的哪一种呢？在下面画出来吧！

› 用红笔在右图上画出今天的最高气温和最低气温。

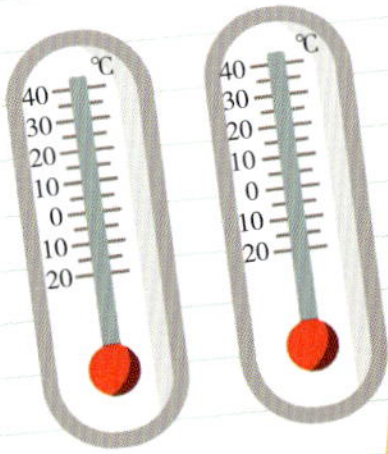

七十二物候 · 惊蛰

惊蛰是反映物候现象的节气，很多冬眠的小动物，比如蛇、青蛙、蟾蜍、熊、昆虫等在此时苏醒。惊蛰同样有三候，小朋友快来看看惊蛰的三候讲的是什么故事吧！

三候

一候桃始华，

二候仓庚鸣，

三候鹰化为鸠。

兔子老师开讲啦！

桃始华：惊蛰初始，桃花吐蕊，一大片一大片地盛开，整个春天都跟着烂漫了。

仓庚鸣：田间的黄鹂鸟在枝头鸣叫，好像在欢快地说：“春天来啦！春天来啦！”。

鹰化为鸠：鹰开始悄悄地躲起来繁育后代，而原本蛰伏的鸠开始鸣叫。

你知道惊蛰的习俗吗？

大多的民间习俗都是古代劳动人民在生活中总结出来的经验，寄托了人们美好的希望。小朋友，一起来了解一下惊蛰的习俗吧！

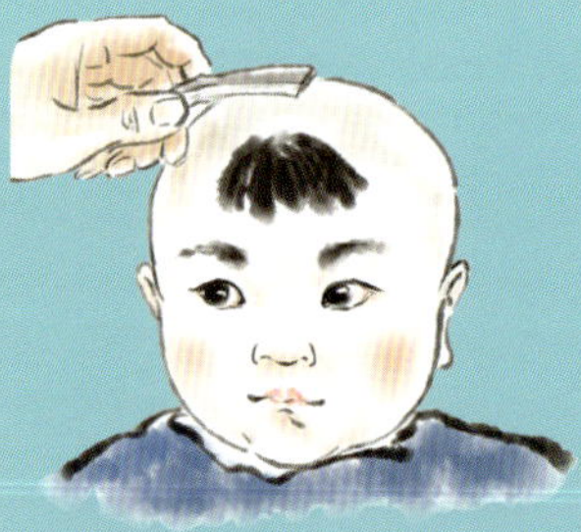

二月二，龙抬头

农历的二月初二，又称龙抬头，北方流行在这一天理发。小孩子理发，以求健康成长；大人理发，则希望带来好运。

梨与“离”同音，有让害虫远离庄稼的意思。

惊蛰吃梨

惊蛰时节，乍暖还寒，气候比较干燥，很容易使人外感咳嗽、口干舌燥，所以民间素有吃梨以润肺滋阴的说法，梨可以生食、蒸、榨汁和烤等。

点香熏艾驱虫蛇

俗话说：“惊蛰过，百虫苏。”惊蛰节气，各种蛇鼠虫蚁开始四处活动，所以民间有惊蛰日驱虫的习俗。最常用的办法是点香、燃艾草等熏屋内屋外，或在房屋的四周、墙边、墙脚等地方撒上生石灰，以此来驱赶蛇鼠虫蚁。

艾草点燃后散发的独特气味可驱虫。

一起来学习惊蛰节气的农俗吧！

农谚有云：“到了惊蛰节，锄头不停歇。”惊蛰时节，中国大部分地区开始忙春耕。

耕地松土

经过漫长的冬季，地表结上了一层薄薄的硬皮，土壤孔隙较多。早春耙地可以让深层干土覆盖在地表上，减少水分蒸发，松土还有利于种子的生根、发芽。

管理果树

梨树、桃树、李子树等在惊蛰纷纷开花抽枝，要及时地清理果园中的枯枝、落叶、僵果及杂草，刮除枝干上的粗皮、烂疤。还要给果树施肥，在花蕾期的时候喷洒农药，加强疏花和疏果工作，这样才能保证秋天结出又大又好的果子。

植物小百科：桃花开了

桃花开了，漫山遍野如海一般。桃树形态优美，枝叶扶疏，花朵色彩艳丽。桃树分为果桃和花桃，果桃长出的果实可以食用，而花桃主要是供大家观赏。

你可以给桃花上色吗？

桃花有很多种类，颜色有白色、淡粉色、粉色、红色、深红和红白混色，花瓣有重瓣或半重瓣。

江畔独步寻花

唐·杜甫

黄师塔前江水东，春光懒困倚微风。
桃花一簇开无主，可爱深红爱浅红？

黄师塔前，一江春水向东流去，春风和煦，微风吹拂，使人懒洋洋的。无主的桃花开得正盛，我该爱那深红的桃花还是浅红的桃花呢？

喝桃花粥有助于消化。

拾桃花，做美食

桃花可以做糕点、酿酒、煮粥哦，小朋友可以捡一些完全成熟、自然落地的桃花，回家后清洗干净，跟爸爸妈妈一起做一顿可口的桃花美食。

春分

春分是二十四节气中的第四个节气，在每年的公历 3 月 20 日至 21 日之间入节。在春分这一天，太阳直射赤道，白天黑夜的时长平分，各为 12 小时。过了春分日，北半球的白天会越来越长，夜晚越来越短，南半球则正好相反。

动动小手，记下春分吧！

中原大部分地区已是春暖花开，处处草长莺飞，杨柳青青。现在就让我们记录下春分这一天吧！

______年

______月

______日

› 今天天气是晴、雨、雪、阴的哪一种呢？在下面画出来吧！

› 用红笔在右图上画出今天的最高气温和最低气温。

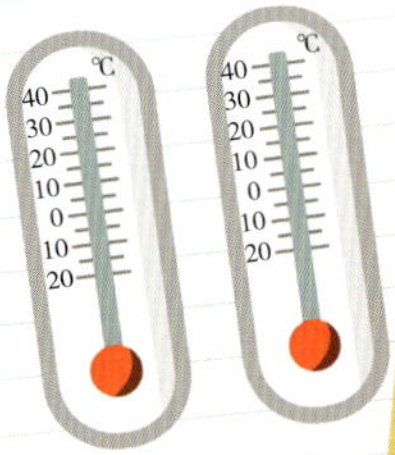

七十二物候 · 春分

春分时节，柳絮飞扬。春季已过半，农耕进入忙碌时期，自然界中各种物候也有了相应的变化，一起来看看是哪三种物候变化最大吧！

三候

一候玄鸟至，

二候雷乃发声，

三候始电。

兔子老师开讲啦！

玄鸟至：天气变暖，去往南方过冬的燕子又飞回北方，忙着修补燕巢。

雷乃发声：春分时节降雨量增多，下雨之前总会有“轰隆隆”的雷声。

始电：打雷前首先会看到闪电划破长空。

你知道春分的习俗吗？

天气变得越来越暖和，小朋友可以适当增加户外活动，春分的习俗大部分在户外进行，小朋友快来看一看，然后和小伙伴们一起玩耍吧！

放风筝

春风和煦，草长莺飞，春分正是放风筝的好时节。制作风筝时，先用细竹条扎成骨架，再糊上纸或者绢，最后系上长线。小朋友可以自己动手制作一个风筝，然后拿到户外空地，牵着风筝线迎风跑，风筝就会高高地升起。

小朋友不要在人多的地方放风筝哦！要寻找空旷的地方，以免绷紧的风筝线伤到他人。

竖蛋游戏

“春分到，蛋儿俏”，民间流行在春分这一天玩竖蛋游戏。它的玩法很简单，就是选择一个光滑匀称的鸡蛋，谁最先将鸡蛋竖立在桌子上谁就赢了。圆滑的鸡蛋之所以能够竖起来，主要是因为鸡蛋壳表面有细微的凹凸。告诉大家一个能成功把蛋竖起来的秘诀，就是选择刚产下四五天的鸡蛋，此时蛋黄下沉，鸡蛋重心下降，蛋就更容易被竖起来啦。

一起来学习 春分节气的农俗吧！

俗话讲："春分麦起身，肥水要紧跟。""一场春雨一场暖，春雨过后忙耕田。"临近春分，春季中最忙的时候就要开始了，农民伯伯开始春耕、春种、春管。

古时，春耕离不开牛的帮忙。

春耕

气温的稳定上升，有利于早稻等农作物播种。农民伯伯在春分时会忙着春耕。小麦已经开始拔尖了，北方少雨的地方要加紧春灌，施好拔节肥，晚上要注意预防晚霜冻害。南方要继续做好排涝防渍的工作。

植树造林

春分也是植树造林的好时机，在古代就有"夜半饭牛呼妇起，明朝种树是春分"。今天我们仍然要继续用我们的双手去绿化祖国山林，美化我们的生活环境。

每年的3月21日为我国的植树节。

犒劳耕牛、祭祀百鸟

江南地区有犒劳耕牛、祭祀百鸟的习俗。春分一到，耕牛便开始一年的劳作，很是辛苦，牛主人便以糯米团喂耕牛表示犒赏。祭祀百鸟，一则感谢它们提醒农时，二则希望鸟类不要啄食五谷。

植物小百科：海棠花开了

海棠花在春分的时候开放，特别繁茂。海棠树可高达 8 米，小枝粗壮，幼时有短柔毛，生长中逐渐脱落，成熟时树皮是红褐色或紫褐色，无毛。海棠花有白色和红色两种，有长长的花梗。

你可以给海棠花上色吗？

海棠花的整体形状类似伞形，一根树枝上有 4~6 朵花，花瓣呈卵形，基部有短爪，白色，在芽中呈粉红色。萼筒外面无毛或有白色绒毛，萼片呈三角卵形。

扫码听诗词

海棠

北宋 · 苏轼

东风袅袅泛崇光，香雾空蒙月转廊。

只恐夜深花睡去，故烧高烛照红妆。

袅袅的东风吹拂，一丛丛海棠泛着光彩。花朵的香气融在朦胧的雾里，月亮已经移过了院中的回廊。只害怕夜深人静的时候海棠花会静静睡去，特意点燃高大的蜡烛，照亮美丽的海棠。

海棠果的果期在9~11月份。

挑选海棠果，做果干

海棠花开放后会结海棠果，海棠果色泽鲜艳，具有独特的果香。海棠果可酿酒、做蜜饯，还可以切开晾成海棠果干，供休闲时食用。小朋友，如果你家也有海棠果，那就试试做海棠果干吧！

清明

清明，二十四节气中的第五个节气，在公历4月4日至6日之间入节。此时寒冬已经远去，阳光明媚，万物初长，天地清明，故称“清明”。清明不仅是节气，也是中国人祭祀祖先、缅怀先人的传统节日。

动动小手，记下清明吧！

清明时节适合踏青出游，让我们记录下清明这一天吧！

______年

______月

______日

› 今天天气是晴、雨、雪、阴的哪一种呢？在下面画出来吧！

› 用红笔在右图上画出今天的最高气温和最低气温。

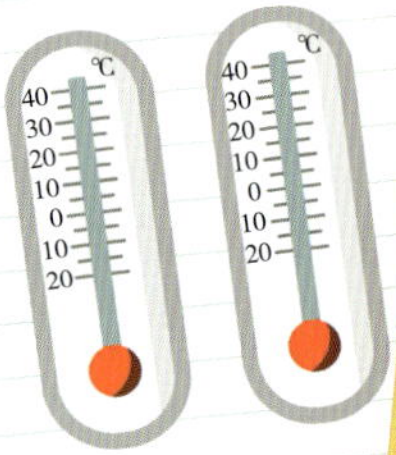

七十二物候 · 清明

清明时节不论是外出扫墓，还是去郊外游玩，都可以观察到大自然中物候的变化。那么清明三候是哪些呢？

三候

一候桐始华，

二候田鼠化为鴽（rú），

三候虹始见。

兔子老师开讲啦！

桐始华：桐花开放，代表着春天即将逝去，桐花花期很短，花落时像飘雪一般。

田鼠化为鴽：喜欢阴凉的田鼠纷纷躲回洞里了。喜欢阳光的小鸟却到处可见。

虹始见：太阳照在雨滴上，折射出不同的颜色，就形成了绚烂的彩虹。

你知道清明的习俗吗？

清明节气，是一个可以亲近自然、品味春天的好时节。小朋友，你能说出几个清明的习俗呢？快讲给爸爸妈妈听吧。

踏青

所谓踏青，就是到郊野游玩，寻找春天，感受春光，所以踏青也被称为探春、寻春等。清明时节，万物复苏，春暖花开，正是郊游踏青的好日子。人们结伴而行，荡秋千、放风筝，尽享大好时光。

弱而垂流，故谓之柳。

插柳、戴柳

据说，插柳是为了纪念“教民稼穑”的农事祖师神农氏，杨柳具有强大的生命力，所以有着“无心插柳柳成荫”的说法。人们清明扫墓归来，会头戴柳枝，或在家门口插柳枝条，有避免虫疫的祈愿。

鸡蛋壳薄且易碎，宜轻拿轻放。

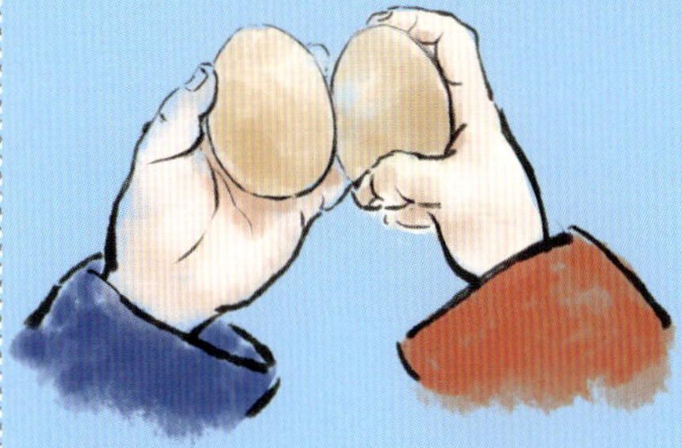

碰鸡蛋

关于碰鸡蛋习俗的起源，民间说法不一，有的说是象征“碎碎”平安，有的说清明吃鸡蛋可保一年健康等。

蹴鞠

蹴鞠，就是用足去踢球，类似踢足球。早在战国时期汉族民间就流行娱乐性的蹴鞠游戏，宋代则出现了专业的蹴鞠组织与蹴鞠艺人。

清代时开始流行冰上蹴鞠。

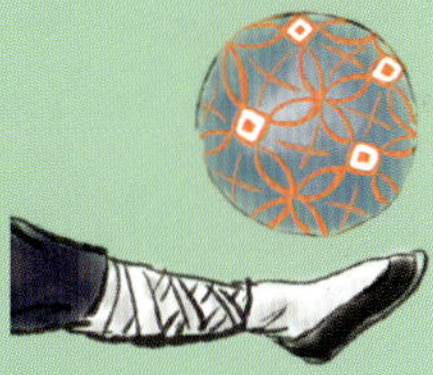

荡秋千

荡秋千是中国古代清明节的习俗之一。古时的秋千多用树丫枝为架，再拴上彩带做成。后来逐步发展为用两根绳索加上踏板的秋千。荡秋千至今仍为人们所喜爱，特别是小孩儿。

学一首关于清明的诗

清明

唐·杜牧

清明时节雨纷纷，路上行人欲断魂。
借问酒家何处有？牧童遥指杏花村。

传统节日——寒食节

寒食节亦称“禁烟节”“冷节”，在古代，这一天要禁烟火，以防因春季干燥引发火灾。而在这段无火的时间里，只能吃冷食，所以称为“寒食节”。

寒食节的故事

清明节前一两日为寒食节。相传在春秋时期，晋国内乱，晋文公重耳被赶出晋国，流亡在外，介子推等忠心耿耿的大臣跟随着重耳。重耳流亡到卫国时，没有东西吃，饥饿难忍，臣子挖野菜煮给他吃，重耳不能下咽。介子推便偷偷把自己腿上的肉割下来一块，同野菜煮成汤给重耳吃。

晋文公归国后成为君侯，开始分封大臣，介子推不愿夸功争宠，便携母亲隐居于绵山。后来晋文公亲自到绵山恭请介子推，但介子推不愿为官，仍住在山里。文公便命人放火焚山，逼介子推露面，介子推却坚决不出山，最后抱树而死。

晋文公非常悲痛羞愧，把他葬在绵山，修祠立庙，并且下令在介子推死难之日不能生火做饭，要吃冷食，从此便有了寒食节。

古时一些有志之士淡泊名利，喜欢选择偏远的地方隐居。

寒食节除了不生火做饭，还会祭拜先人。

祭祀祖先

按照习俗，人们要在清明时去祖先墓地扫墓，为坟墓培上新土，整理掉杂草，然后叩头行礼祭拜。

吃青团

青团是江南一带的传统特色小吃，也是冷食的代表性食物之一。将艾草的汁拌进糯米粉里，再包裹进豆沙或者莲蓉馅儿，不甜不腻，带有清淡却悠长的青草香气。

青团油绿如玉，甜而不腻，清香扑鼻。

趣味阅读

江城子·乙卯正月二十日夜记梦

北宋·苏轼

十年生死两茫茫，不思量，自难忘。千里孤坟，无处话凄凉。纵使相逢应不识，尘满面，鬓如霜。

夜来幽梦忽还乡，小轩窗，正梳妆。相顾无言，唯有泪千行。料得年年肠断处，明月夜，短松冈。

植物小百科：梨花开了

清明时节，随着雨水的增多，越来越多的花儿盛开，而梨花恰好在清明盛开，如雪花般的白色梨花点缀在枝头，为美丽的大地又增加了一份春意！小朋友，快来一起认识梨花吧！

你可以给梨花上色吗？

梨花的叶片呈卵形，前端有尖。花多为白色，组成伞状花序，多数品种先开花后展叶，少数品种花叶同时开放或先展叶后开花。梨树寿命长，可达100年，盛果期可维持50年以上呢！

扫码听诗词

东栏梨花

北宋 · 苏轼

梨花淡白柳深青，柳絮飞时花满城。
惆怅东栏一株雪，人生看得几清明。

诗人借此诗抒发了自己淡泊人生、从失意中得到解脱的思想。

香囊形状多样，表面刺绣图案也不同。

收集梨花瓣，做香囊

小朋友，看到洁白的梨花散落在地上是不是觉得很可惜？没关系，我们可以把地上的花瓣收集起来晒干，再加入些茶叶一起缝在布袋里，就做成漂亮的梨花香囊了。赶快亲手制作梨花香囊送给家人吧！

谷雨

春季的最后一个节气是谷雨，在公历4月19日至21日之间入节。谷雨的名字来自“雨生百谷”，这个时节气温回升加快，降雨量持续增多，非常有利于农作物的生长，也是播种、移苗的好时节。

动动小手，记下谷雨吧！

谷雨时节的气候特点是温度上升，降雨增多，湿度增加。现在就让我们记录下谷雨这一天吧！

______年

______月

______日

> 今天天气是晴、雨、雪、阴的哪一种呢？在下面画出来吧！

> 用红笔在右图上画出今天的最高气温和最低气温。

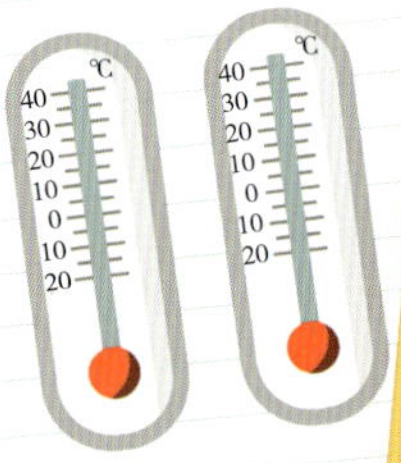

七十二物候·谷雨

“清明断雪，谷雨断霜”，到了谷雨时节，寒潮天气基本结束，天气转暖，人们的室外活动越来越多，在户外可以观察到许多物候的变化！谷雨时节的三候讲述了三种动植物的新生与活动。

三候

一候萍始生，

二候鸣鸠拂其羽，

三候戴胜降于桑。

兔子老师开讲啦！

萍始生：随着降雨增多、水温升高，池塘中的浮萍开始繁殖，在水中隐隐可见。

鸣鸠拂其羽：布谷鸟在空中飞翔，“布谷”“布谷”地叫着，提醒人们要开始播种了。

戴胜降于桑：在桑林中可以看到戴胜鸟出没。

你知道谷雨的习俗吗？

古往今来，关于谷雨的习俗也有很多，小朋友可以问问家里的长辈，听他们讲讲有关“谷雨”的故事。

贴谷雨贴

谷雨节气，随着气温的逐渐升高，各类毒虫也日渐活跃，对人畜及农作物都有危害。因此，民间谷雨节气有张贴“谷雨贴”以震慑毒虫的习俗。

洗桃花浴

在古代，有些地区将谷雨这天的河水称为“桃花水”，并用河水洗浴，以求消灾避祸。

洗桃花浴还可清心去火。

喝谷雨茶

谷雨茶是谷雨时节采制的春茶，又叫二春茶。谷雨时节的茶树受气温、降雨量影响发育充分，芽叶肥硕，色泽嫩绿，闻之清香，嚼之满口生津，妙不可言。因此，谷雨茶虽然没有一般茶的浓度，但却清甜甘口，令人口齿清爽。

此时采摘的新茶口感更好。

一起来学习
谷雨节气的农俗吧！

“谷雨时节种谷天，南坡北洼忙种棉。”“玉米花生早种上，地瓜栽秧适提前。”谷雨是很重要的农忙节日，所以这时候的农俗有很多。

椿芽长到15~20厘米就可以采收。

摘香椿

谷雨前后是香椿芽上市的时节，北方有食香椿芽的习俗，香椿芽指香椿树的嫩芽，这时的香椿叶厚芽嫩，香味浓郁，常用“雨前香椿嫩如丝”来形容。中国人食用香椿芽久已成习，并形象地称它为“树上蔬菜”，它可以做包子馅、饺子馅，可以与鸡蛋同炒，还可以做成凉菜。

春蚕

这个时节的桑树枝繁叶茂，正好为蚕提供了丰富的美食，孵出来的蚕宝宝每天咀嚼嫩嫩的桑树叶，经过四次蜕变后就会变成一条会吐丝的蚕。

蚕宝宝的饭量极大，因此，成长速度很快。

植物小百科：牡丹花开了

谷雨前后牡丹花开，因此，牡丹花也被称为“谷雨花”。赏牡丹是谷雨时节的重要娱乐活动，小朋友可以和家人一起去赏花哦！

你可以给牡丹花上色吗？

牡丹品种繁多，花的颜色也多，以黄色、绿色、深红色和粉色为上品，其中黄色、绿色比较少，更为珍贵。

扫码听诗词

元宫词

明 · 朱有燉

东风吹绽牡丹芽，漠漠轻阴护碧纱。

向晓内园春色重，满栏清露湿桃花。

东风把牡丹的花苞都吹开了，淡淡的薄雾笼罩着窗门。清晨的花园内百花吐艳，春天的气息充满整个院子，清澈的露水把满院子的桃花都打湿了。

洛阳牡丹名甲天下。

学养牡丹花

小朋友，牡丹花是可以家养的。你可以买一盆牡丹花盆栽，把它放在通风宽敞、光线不强的地方，给盆栽适当浇水、松土，用心照顾它，记录它每一天的变化。

立夏

立夏是夏季的第一个节气，也是二十四节气中的第七个节气，在公历5月5日至7日之间入节。立夏意味着告别春天，正式进入夏天，温度明显升高，雷雨增多，农作物进入生长的旺季，春天播种的植物正在茁壮成长。立夏以后，白天越来越长，最好养成午睡的习惯来补充睡眠。

动动小手，记下立夏吧！

立夏，物至此时皆假大也。意思是万物在这个季节都会生长。现在就让我们记录下立夏这一天吧！

______年

______月

______日

›今天天气是晴、雨、雪、阴的哪一种呢？在下面画出来吧！

›用红笔在右图上画出今天的最高气温和最低气温。

七十二物候 · 立夏

此时节万物进入了快速生长时期，许多动物也出来活动了。跟随着节气的变化，立夏的三候也有了新的变化！

三候

一候蝼蛄鸣，

二候蚯蚓出，

三候王瓜生。

金鱼老师开讲啦！

蝼蛄鸣：蝼蛄适合生活在温暖潮湿的环境，蝼蛄鸣叫，表示夏天来了。

蚯蚓出：蚯蚓喜欢生活在潮湿疏松的泥土中，立夏时节雨水较多，土里的空气变得稀薄，蚯蚓感觉呼吸不畅，就爬到地面上来了。

王瓜生：王瓜是一种爬藤植物，在立夏时节趁着适宜的气候和环境，快速地攀爬生长。

你知道立夏的习俗吗？

我国南北方由于地理差异，在立夏时节会形成一些具有地域特色的习俗，一起来看看吧！

立夏挂蛋

民间立夏有吃蛋、挂蛋的习俗。天气渐渐炎热，小朋友容易胃口不好，营养不足就会慢慢变瘦。长辈为了孩子的健康，就会在这天煮蛋，煮好后放在用彩线编织的蛋套中，挂在小朋友胸前，期盼他无病无灾。小朋友们则爱玩斗蛋的游戏，每人各拿一个蛋，以蛋尖为头，蛋头碰蛋头，蛋尾碰蛋尾，一个个斗过去，破者认输，最后蛋没碎的为胜者。

喝立夏粥

古时，立夏节气有喝粥的习俗。有些地区的立夏粥是用大米作主料，伴以精肉、红枣、豌豆等十几种辅料熬制而成。起锅后热气腾腾，香气四溢。民间有立夏日喝粥可保一年平安之说。

立夏尝新

立夏日，民间有尝新之俗。在我国的广东镇江有立夏尝八新的习俗，所谓“八新”是指樱桃、新笋、新茶、新麦、嫩蚕豆、杨花萝卜、鲥鱼、黄鱼。江苏无锡还有“立夏尝三鲜”，三鲜分地三鲜、树三鲜、水三鲜。

小朋友可以和家人一起采摘蔬菜。

一起来学习 立夏节气的农俗吧！

立夏来临，祖国遍地都是一片绿色，田间也是一片繁忙景象，农民伯伯会根据天气情况安排不同的农事。

喷洒农药

这个季节的昆虫很活跃，有害的昆虫会破坏田地里的庄稼，所以农民伯伯会买一些农药，调配好后撒在田地里以防治害虫，让农作物茁壮生长。

作物出苗

立夏时节，谷雨时期种下的玉米、豆子等作物都已出苗了。南方地区也要抓紧时间插秧了，“多插立夏秧，谷子收满仓”，立夏前后正是大江南北早稻插秧的繁忙季节。“一天不锄草，三天锄不了”，这时的杂草生长很快，所以农民伯伯还要及时锄草。

植物小百科：芍药花开了

芍药花一般在5~6月开放。相传芍药不是凡间的花卉，在古代神话里，某年人间瘟疫盛行，花神为救世人盗取了王母娘娘的仙丹撒向人间，结果仙丹变成了芍药，人们用芍药阻止了瘟疫的蔓延，所以芍药的名字里带有“药”字。

你可以给芍药花上色吗？

芍药的花朵很大，有白色、粉色、红色、紫色等多种颜色。花瓣有很多层，薄薄的像纸一样。叶片呈椭圆形，边缘为锯齿形，经常2~4片聚集在一起。

扫码听诗词

芍药

唐·韩愈

浩态狂香昔未逢，红灯烁烁绿盘龙。
觉来独对情惊恐，身在仙宫第几重？

诗人长久凝视，细致观察芍药花的形态，运用拟物、夸张的手法描写了芍药的美丽。

芍药花瓣有不少褶皱。

教你区分牡丹和芍药

芍药被称为“花仙”“五月花神”，牡丹是“花中之王”，它们长得很像，因此常常被弄混。其实，芍药是草本花卉，牡丹是木本花卉，牡丹的花形比芍药大，而且植株长得比芍药高，开花时间通常也比芍药早上十几天。

小满

小满是夏季的第二个节气，也是二十四节气中的第八个节气，在公历5月20日至22日之间入节。在小满节气，麦类等夏收作物的子粒开始灌浆饱满，但尚未成熟，还不到最饱满的时候，因此只是小满。小满节气后，全国各地渐次进入夏季，降水进一步增多，要注意防湿、防霉。

动动小手，一起记录小满吧！

小满的气候特点就是高温、高湿、多雨，现在就让我们记录下小满这一天吧！

年

______月

______日

›今天天气是晴、雨、雪、阴的哪一种呢？在下面画出来吧！

›用红笔在右图上画出今天的最高气温和最低气温。

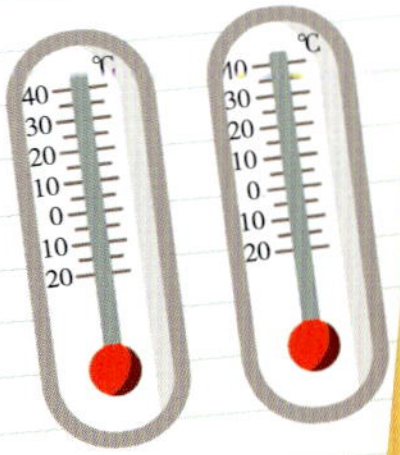

七十二物候 · 小满

小满时节，降水充沛，直到下一个节气之前都是适合农作物生长的时期，也是很多动物的生长繁殖期。一起来看看小满的三候写了哪些物种的变化吧！

三候

一候苦菜秀，

二候靡草死，

三候麦秋至。

金鱼老师开讲啦！

苦菜秀：小满时节，路边的苦菜开着白色或是淡黄色的小花，极有生趣。

靡草死：一些喜欢阴暗潮湿环境的草类，在强烈的阳光照射下开始枯死。

麦秋至：小满到，小麦的子粒开始变得饱满，麦子快熟了。

观察小满的气候有什么特别之处？

小满节气，有时会遇上洪水泛滥，有时又干旱少雨，气候不停变化。小朋友可以用心观察一下气象，看看有什么特别之处。

干热风

干热风，顾名思义，一股又干又热的风。由于各地自然特点不同，干热风成因也不同。干热风对这个时期的小麦危害很大，它会加速农作物体内的水分蒸发，使农作物的茎叶很快枯萎，结出的子粒也会变得干瘪。

干热风来袭时要及时浇水，或者想办法增强植物的保水能力，以减少干热风对植物的不良影响。

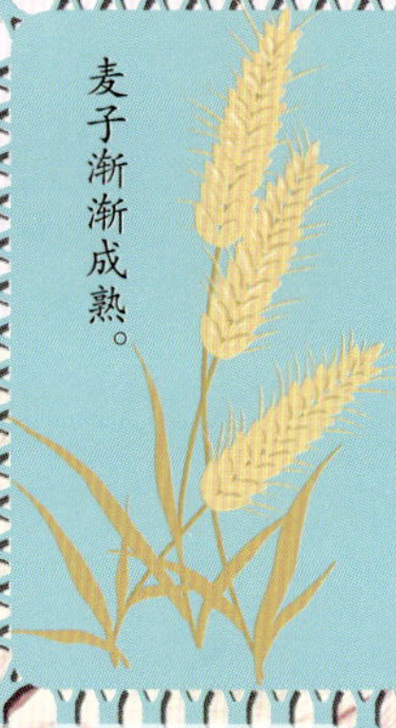

麦子渐渐成熟。

小满谚语

1. 小满小满，麦粒渐满。小满不满，芒种开镰。
2. 麦到小满日夜黄。小满三日望麦黄。
3. 小满十八天，青麦也成面。小满十日见白面。
4. 小满割不得，芒种割不及。
5. 小满麦渐黄，夏至稻花香。

一起来学习小满节气的农俗吧！

“小满花，不归家”，农忙正在火热进行中，农民伯伯忙到没有时间回家，田地里总有很多很多农活等着农民伯伯忙。

吐丝结茧

经过精心喂养的蚕宝宝在这个节气终于吐丝结茧了，蚕丝可以被用来制作丝绸。空气中的温度、湿度，桑叶的冷、熟、干、湿等都会影响蚕的生存，因此蚕很难养活。养蚕户多在温度适宜的江浙一带。传说中，小满也是蚕神诞生的时节。

麦芒尖尖

小满时节，麦芒尖尖，麦子快熟了，这时的麦粒很容易受到干热风的侵害。因此，农民伯伯会抓紧时间给麦子浇水，同时喷农药，使它们免受病虫害的侵袭，保证麦子能够大丰收。

野菜苦中带涩，涩中带甜。

挖野菜

“春风吹，苦菜长，荒滩野地是粮仓。”这个季节是苦菜上市的季节，同时人参菜、刺儿菜、扫帚菜等野菜都长出了嫩苗，摘下洗净凉拌吃非常清淡爽口。

植物小百科：荷花开了

夏天，池塘里有一种花正在静悄悄地生长，这种花就是荷花。荷花又名莲花、水芙蓉，是我国十大名花之一。其“出淤泥而不染，濯清涟而不妖”的高尚品质历来被世人所称颂。

你可以给荷花上色吗？

荷花是多年生的水生草本植物，每年夏天都会如约开放，它的叶子为圆形，像一面盾牌，表面是深绿色的，背面被蜡质白粉覆盖。花朵有三四层花被，外轮萼片状，内轮花瓣状，花朵颜色有白色、粉色、红色。

扫码听诗词

小池

南宋 · 杨万里

泉眼无声惜细流，树荫照水爱晴柔。
小荷才露尖尖角，早有蜻蜓立上头。

诗人用清新活泼的笔触描绘了一幅充满生活情趣的生动画面，既描写了小池塘优美的风光，又抒发了其对生活的无限热爱之情。

藕是莲的肥硕地下茎。

荷花全身都是宝

荷花的荷叶、莲子可以入药，藕节可以食用，藕节的吃法有很多，炒、煮、烤都很美味。小朋友可以仔细观察妈妈买回家的藕，品尝用它做成的美食，同时对妈妈说一声辛苦了。

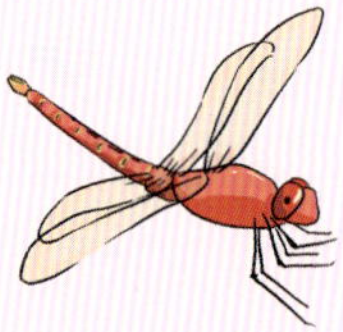

芒种

芒种是夏季的第三个节气，也是二十四节气中的第九个节气，一般在公历6月5日至7日之间入节。此节气大麦、小麦等已经成熟，要抓紧时间收割。稻谷及黍等夏播作物也要赶紧播种。芒种节气，中国长江中下游地区进入黄梅季节。梅雨的天气特点一般是温度高、日照少、雨天多、雨量大。芒种后天气变得炎热，要注意防暑。

动动小手，记下芒种吧！

芒种一到，意味着盛夏即将来临。现在就让我们记录下芒种这一天吧！

______年

______月

______日

›今天天气是晴、雨、雪、阴的哪一种呢？在下面画出来吧！

›用红笔在右图上画出今天的最高气温和最低气温。

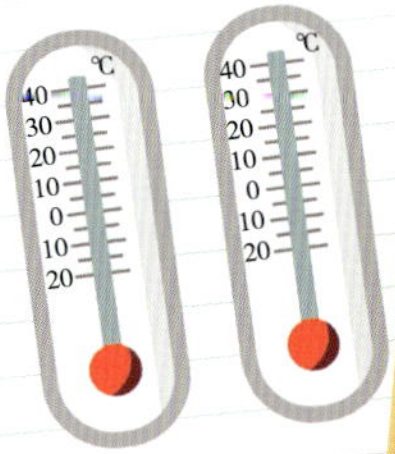

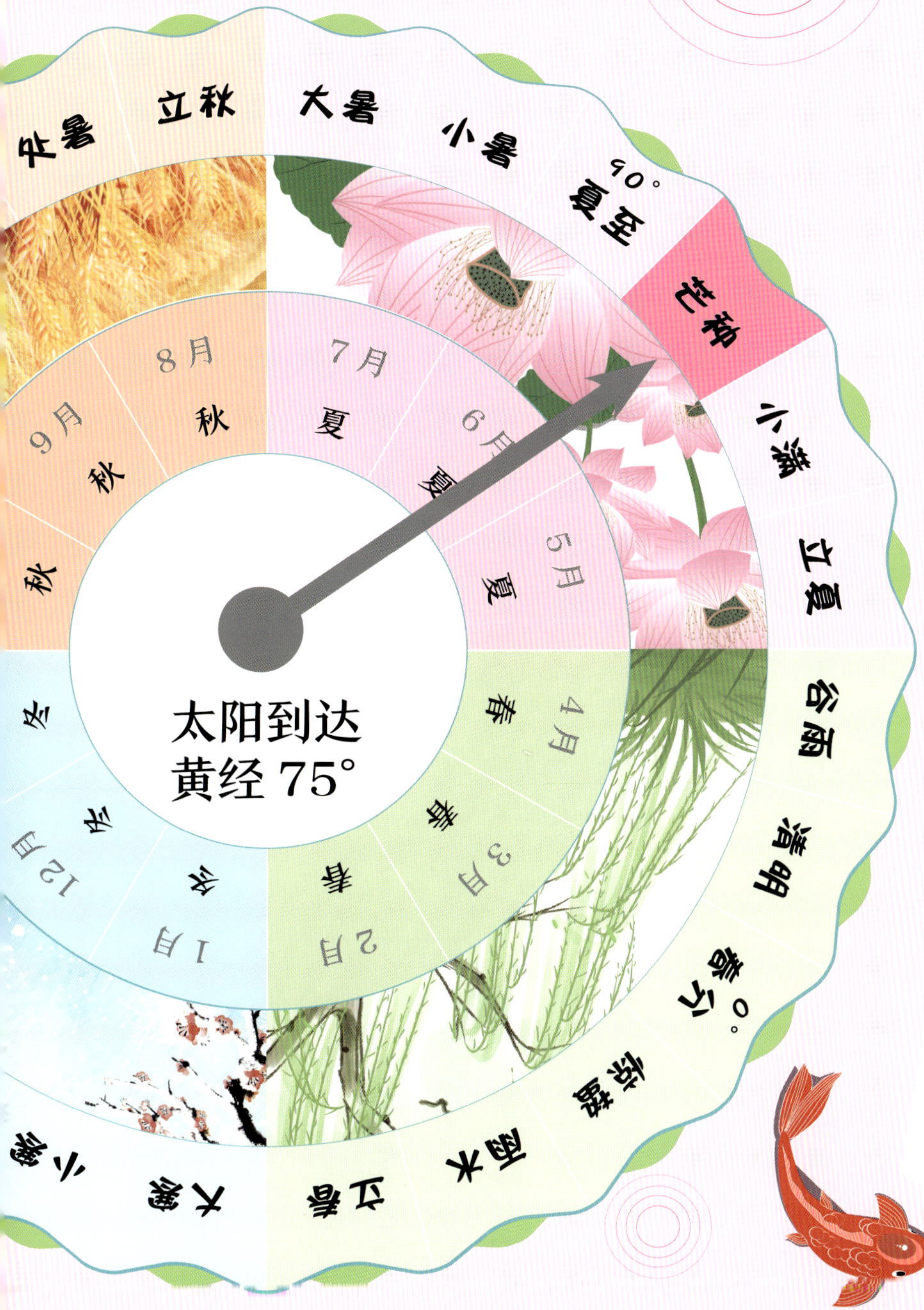

七十二物候 · 芒种

芒种时节雨量充沛，气温也升高了，大自然的物候也发生了相应的变化。一起来看看芒种的三候分别讲述了哪些变化吧！

三候

一候螳螂生，

二候䴗（jú）始鸣，

三候反舌无声。

金鱼老师开讲啦！

螳螂生：小螳螂开始破壳而出。螳螂有自己的保护色，这既能让它们躲避天敌，又便于捕食。

䴗始鸣：䴗，伯劳鸟。伯劳鸟身躯小，性情却很凶悍，且喜欢阴凉的地方。芒种节气，伯劳鸟开始在枝头鸣叫。

反舌无声：能够学习其他鸟叫的反舌鸟在芒种节气停止了鸣叫，因为感受到了天气的无常。

你知道 芒种的习俗吗？

芒种这天有许多的习俗活动，皖南有安苗，贵州有打泥巴仗，南方有煮梅，各地还有不同的送花神仪式。这些习俗自古流传下来，大多蕴含着人们美好的愿望。

送花神

芒种时节，有些花开始凋残、零落。旧时民间多在芒种日举行祭祀花神仪式，送花神归位，同时表达对花神的感激之情，盼望来年再次相会。

打泥巴仗

贵州一带的侗族青年男女，每年芒种前后都要举办打泥巴仗节。当天，新婚夫妇由要好的男女青年陪同，集体插秧，边插秧边打闹，互扔泥巴。活动结束后，谁身上泥巴最多，就代表他是最受欢迎的人。

青梅煮酒

在南方，每年五六月是梅子成熟的季节，芒种有煮青梅的习俗。新鲜的梅子比较酸涩，加工之后才会变得香甜，而这个加工的过程就是煮梅。三国时期有“青梅煮酒论英雄”的故事，小朋友可以找来读一读。

用青梅泡酒，时间越久，味道会越醇厚。

一起来学习
芒种节气的农俗吧！

对于我国大部分地区来讲，芒种一到，夏熟作物要收获，夏播作物要下地，春种的庄稼要管理，收、种、管三样都要做，是一年中最繁忙的时节。

收麦子

小麦的成熟期短，天气的变化对小麦的最终产量影响极大，所以芒种麦熟之时，要趁着没下雨的时候，赶紧把麦子割下来，以防连绵不绝的雨天使麦子发霉，无法收获。“收麦如救火，龙口把粮夺”的农谚，形象地说明了麦收季节的紧张气氛。

夏播

麦收以后就要抓紧抢种抢栽，夏大豆、夏玉米、夏甘薯等都是在夏季种植。如果播种的时间过迟，产量就会降低，所以即便是遇到干旱天气，也要积极地抗旱播种。

梅雨季节

芒种时节，我国长江中下游地区开始进入梅雨季节，持续阴雨天，气温升高，天气十分闷热。家里的各种物品容易发霉，并且开始有蚊虫，极易传染疾病。所以，在梅雨季节一定要注意防潮、防虫。

传统节日
—端午节

每年的农历五月初五是端午节，到了这一天，家家户户都要吃粽子，有的地方还有喝雄黄酒、在胳膊上系五色线、在门上挂艾草和菖蒲、赛龙舟等习俗，非常富有节日气氛。

屈原是战国时期的楚国诗人，政治家。

纪念屈原

战国时期，楚国的诗人屈原面临亡国之痛，在农历五月初五投汨罗江，以身殉国。为了不使鱼虾损伤他的躯体，人们纷纷在竹筒里装米投入江中，引鱼虾来食。后来，为了表达对屈原的崇敬和怀念，人们也将端午节作为纪念屈原的节日。

包粽子可以用竹叶、粽叶、芦苇叶。

吃粽子

粽子好看又好吃，家家户户都要在端午节前浸糯米、洗粽叶、包粽子。粽子的口味也有很多，有包红豆馅、红枣馅和板栗馅，也有包蛋黄馅、五花肉馅的。小朋友，你最喜欢什么口味的粽子呢？有机会时，跟家人一起学包粽子吧！

赛龙舟

龙舟的船头像高高昂起的龙头，船舷和船腹分别涂着不同颜色。划龙舟比赛时，每艘龙舟都在起点蓄势待发。发号枪一响，龙舟上的司鼓闻声起鼓，船上的人跟着鼓声齐心协力挥臂划桨，那龙舟就如同离弦之箭，在水面疾飞。围观的人都在为自己喜欢的队伍呐喊助威。

挂艾草

民间有端午在门口悬挂艾草、菖蒲等药草的习俗，人们认为这样可以驱虫。比较简便的方法是将艾草、菖蒲等用红纸或红绳绑成一束，然后插或悬在门上。

艾草可以制成花环、配饰佩戴。

拴五色线、戴香包

在端午这天，大家要在手腕脚腕上系五色丝线，这代表着吉祥。五色线一般是由青线、红线、白线、黑线和黄线组成。而香包是内装香料，用五色丝线缠成或用碎布缝成，佩在胸前，香气扑鼻。

植物小百科：合欢花开了

合欢属乔木，高度可达 16 米以上，树冠展开，小枝有棱角。喜欢温暖潮湿的环境，我国自古以来就流行在自家院子里种合欢树，寓意着家人团结、夫妻恩爱、邻里和睦。

你可以给合欢花上色吗？

合欢花是粉色的，像一团绒线，十分可爱，还散发着香味。合欢的叶子较小，像一把扇子，羽状复叶，叶片互生，托叶呈线状披针形。

生查子·惆怅彩云飞

清·纳兰性德

惆怅彩云飞，碧落知何许。不见合欢花，空倚相思树。
总是别时情，那得分明语。判得最长宵，数尽厌厌雨。

彩云飞逝，碧霞漫天，心中惆怅又有多少人知道呢？看不见合欢花，只能独自依在相思树旁。与伊人道别的场景历历在目，却说不清楚内心的情感。只是情愿去听一夜雨声。

合欢树的叶子前端是尖尖的。

了解市树

合欢树可用作园景树、行道树、风景区造景树等，它同时也是威海市市树。小朋友，你知道你所在城市的市树是什么吗？

夏至

夏至是夏季的第四个节气，也是二十四节气中的第十个节气，在公历6月21日至22日之间入节。夏至这天，太阳直射北回归线，是北半球一年中白昼最长的一天。夏至过后，我国大部分地区进入伏天，气温升高，雨水增多，光照充足，农作物生长十分旺盛，同时杂草也迅速滋长蔓延，害虫也大量繁殖。

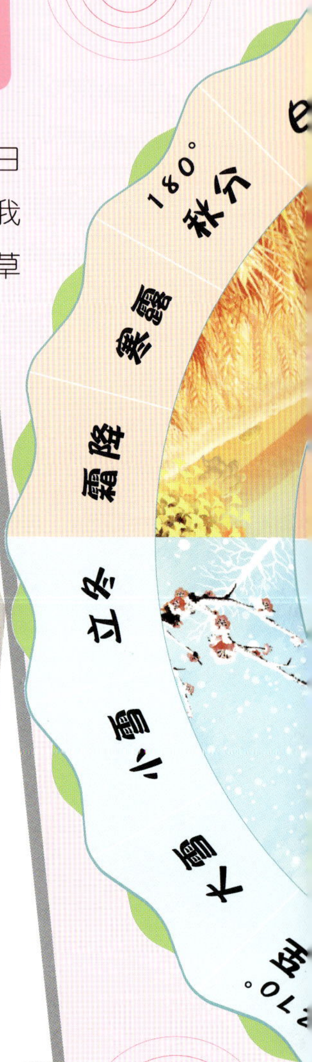

动动小手，记下夏至吧！

夏至这天还不是一年中最热的时候，过了夏至，真正的酷暑才会来临，现在就让我们记录下夏至这一天吧！

年

____月

____日

›今天天气是晴、雨、雪、阴的哪一种呢？在下面画出来吧！

›用红笔在右图上画出今天的最高气温和最低气温。

七十二物候·夏至

炎热的夏天让动植物无精打采的，夏至的三候又在讲哪些小动物和植物的变化呢？快来一起看看吧！

三候

一候鹿角解，

二候蜩始鸣，

三候半夏生。

金鱼老师开讲啦！

鹿角解： 夏至来临，鹿角开始脱落，不久以后，鹿又会长出新的角。鹿角每年都会经历生长、脱落和再生的过程。

蜩始鸣： 蜩，古书上指蝉。雄性的蝉在夏至后为吸引雌性蝉便鼓翼而鸣。

半夏生： 半夏是一种中草药，适应力强，生长在山坡上、溪边、树林里和阴湿的草丛中。

你知道
夏至的习俗吗？

夏至是二十四节气中最早被确立的一个节气，并流传至今，而且出现了很多有趣的习俗。因我国地域差异，每个地方的习俗都不一样。

过水面

“冬至饺子夏至面。”北方人会在夏至这天吃面，常吃的有凉面、炸酱面。因为这个时候气候炎热，所以面煮熟后先过一遍凉水再拌，吃起来比较爽口。

馄饨皮薄馅大，味道鲜美。

食馄饨

江苏无锡人喜欢在夏至这天的早晨吃麦粥，中午吃馄饨，取混沌和合之意。在当地还有一句谚语流传：“夏至馄饨冬至团，四季安康人团圆。”

夏至饼

这是江南一带的习俗。夏季新麦已经收割，磨成面粉后擀面做成薄饼，烤熟，夹上青菜、豆荚、豆腐及腊肉等，称为“夏至饼”。

把艾草捣碎，和麦粉混合，制成饼外皮。

夏至测影长

夏至过后，太阳直射点逐渐向南移动，北半球白天的时间开始逐渐变短。民间有“吃过夏至面，一天短一线”的说法。最早的时候，古人在地上立了一根木杆来测量太阳影子的长短，发现每日正午时分最短。后来发明了带有刻度的圭表，把一年中正午影子最短的那天定为夏至，最长的那天定为冬至。

夏至九九歌

一九至二九，扇子不离手；
三九二十七，冰水甜如蜜；
四九三十六，汗湿衣服透；
五九四十五，树头清风舞；
六九五十四，乘凉莫太迟；
七九六十三，夜眠要盖单；
八九七十二，当心莫受寒；
九九八十一，家家找棉衣。

小朋友，快来测一测影长，做好记录哦！

内容：准备一根小木棍、一把尺子。在正午时，把小木棍放在太阳下，拿出尺子测量一下小木棍投在地上的影子。

时间	影长
夏至日前正午	
夏至日正午	
夏至日后正午	

小朋友可以在夏至日前、夏至日当天、夏至日后的正午各量一下小木棍影子的长度并进行比较。

植物小百科：杏子熟了

树上的杏子熟了，黄澄澄的果肉十分诱人。杏肉肥厚，甜酸适度。杏肉经过加工还能制成果脯、果干，保存时间比较长。

你可以给杏子上色吗？

杏树每年都可以结果，好好管理果树，杏子就会又大又甜。杏子大部分为黄色，看起来非常有食欲，吃起来酸酸甜甜。

四时田园杂兴·其二

南宋·范成大

梅子金黄杏子肥，麦花雪白菜花稀。

日长篱落无人过，惟有蜻蜓蛱蝶飞。

一树树梅子变得金黄，杏子也越长越大了；荞麦花一片雪白，油菜花稀稀落落。白天长了，篱笆的影子随着太阳的升高变得越来越短，没有人经过，只有蜻蜓和蝴蝶绕着篱笆飞来飞去。

学做杏肉干

挑一个连续几天都是阳光充足的时段，把成熟的杏子洗净，切成两半或用手掰开，去掉果核，然后摆放在一个干净平坦的地方，在阳光下暴晒，让杏肉迅速脱水晒干，变成很小并且干硬的杏肉干后就可以食用并储存了。

小暑

小暑是夏季的第五个节气，也是二十四节气中的第十一个节气，一般在7月6日至8日之间入节。暑，表示炎热，小暑就是小热，天气虽然热，但还没到最热的时候。此时南方的梅雨季节即将结束，而人们常说的一年中最热的“三伏天”就要开始了。

动动小手，记录下小暑吧！

小暑时节，小朋友该放暑假了，休息放松之余，别忘了记录下小暑这一天哦！

______年

______月

______日

›今天天气是晴、雨、雪、阴的哪一种呢？在下面画出来吧！

›用红笔在右图上画出今天的最高气温和最低气温。

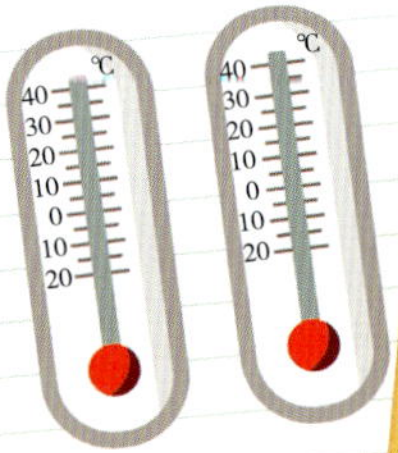

七十二物候 · 小暑

炎热的小暑时节也阻挡不了大地万物的生生不息，让我们一起来看看小暑的三候吧！

三候

一候温风至，

二候蟋蟀居壁，

三候鹰始鸷。

金鱼老师开讲啦！

温风至：风中不再有凉意，而是卷着热浪，但气温还没有达到最高。

蟋蟀居壁：蟋蟀喜欢藏在砖石下、土穴中、草丛间，天气变热后，蟋蟀在野外叫得很欢快。

鹰始鸷：老鹰在高空盘旋，凶猛无比，蓄势待发，准备捕猎。

你知道小暑的习俗吗？

人的生活要根据气候的改变而变化，热在三伏，喝解渴消暑的酸梅汤、在阴凉的地方活动，都是自古流传下来的有益健康的民间习俗。

食伏面

山西晋南人讲究在小暑日吃凉面，俗称“吃伏面”。吃伏面的时候，或用辣椒、蒜泥拌匀，或用麻酱、芥末拌匀。

斗蟋蟀

民间自古以来就有斗蛐蛐的娱乐活动。斗蛐蛐又叫斗蟋蟀，人们召集三五个玩伴，将各自的蛐蛐放到茶缸里或者瓦罐里，斗一斗谁的蛐蛐更厉害。

吃伏羊

“六月六接姑娘，新麦饼羊肉汤”，这是江苏徐州的民谣，徐州人在入伏这一天喜欢吃羊肉。因为夏季人们吃的东西都偏凉，吃多了对胃不好，这时候吃点羊肉可以暖暖胃。

观察小暑的**气候和生活**有什么**特别之处**？

小暑节气，全国各地的平均气温基本达到了30℃以上，空气中的湿度也大，在生活中要注意防潮防湿。

防潮

这个季节雨水比较充足，房间里会变得潮湿，所以阳光充足的时候，要把衣服、书籍等拿出来晒晒太阳。

不坐石阶

民间有“冬不坐石，夏不坐木”的说法，这是因为小暑过后气温高，湿度大，木凳、门槛与石阶在长期的露打雨淋中，经太阳一晒，就会往外散发湿气，这时候坐到上面，就会有湿气进入身体，容易生病。

地上湿气大，最好不要坐。

暑假日记

小朋友，你的暑假是怎么度过的呀？都有哪些好玩的事情呢？快记录下来，等到开学后和同学、老师一起分享吧！

植物小百科：西瓜熟了

西瓜是夏季上市的水果，汁水丰富，吃起来很解渴。在新疆有个叫哈密的地方，那里昼夜温差大，白天热，夜里冷，结出的西瓜又大又甜，那里有一句谚语："朝穿皮袄午穿纱，怀抱火炉吃西瓜。"

你可以给西瓜上色吗？

西瓜皮是青色的，上面有深绿色的纹路。切开后里边的瓤是红色或黄色的，点缀着黑色的子。还有一种西瓜叫无子西瓜，小朋友可以大快朵颐，不用吐子，非常方便。

西瓜园

南宋·范成大

碧蔓凌霜卧软沙，年来处处食西瓜。
形模濩落淡如水，未可蒲萄苜蓿夸。

诗人当时正奉皇命出使金国，走到开封路过一片西瓜园，天气又热口又渴，园子里的婆婆就摘下西瓜给诗人解渴，诗人吃完后觉得暑意全消，就写下了这首生动地描绘开封西瓜模样与味道的诗。

西瓜皮又叫“西瓜翠衣”，去掉外层硬皮可拌成凉菜吃。

挑西瓜

怎么才能选出皮薄、肉多、味甜的西瓜呢？告诉你两个小妙招，第一个就是摸，成熟的西瓜表面是光滑的，不太熟的表面摸起来手感发涩；第二个是听声音，用手指轻轻拍西瓜，发出“咚咚”声的就是熟瓜，发出“嗒嗒”声的则不太熟。

大暑

大暑是夏季的最后一个节气，也是二十四节气中的第十二个节气，在公历 7 月 22 日至 24日之间入节。这时正值“中伏”前后，大地上暑气蒸腾，是大部分地区一年中最热的时期，俗语云“小暑不算热，大暑三伏天”。

动动小手，记下大暑吧！

大暑时，小朋友要注意预防中暑。记得记录下大暑这一天哦！

______年

______月

______日

›今天天气是晴、雨、雪、阴的哪一种呢？在下面画出来吧！

›用红笔在右图上画出今天的最高气温和最低气温。

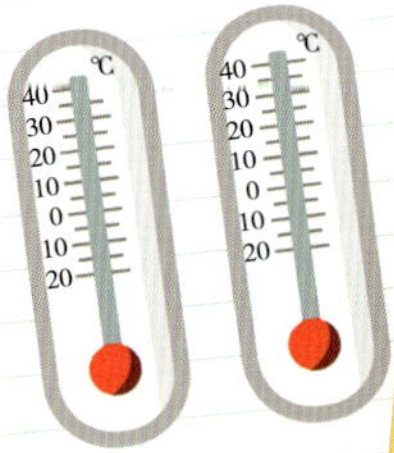

七十二物候·大暑

大暑是反映气候变化的节气，大暑三候中的两候讲述了大暑气候最明显的特征，还有一种讲述了昆虫的活动，具体是哪些呢？一起来看看吧！

三候

一候腐草为萤，

二候土润溽（rù）暑，

三候大雨时行。

金鱼老师开讲啦！

腐草为萤：附着于腐烂的草上的萤火虫卵开始孵化而出，变成可爱的、荧光闪闪的小萤火虫。

土润溽暑：这个时节雨水较多，天又热，土地变得潮湿，暑气下迫，湿气蒸腾，天气闷热。

大雨时行：时常出现雷雨天气，大雨使暑气稍稍减弱，人会感觉舒适一些。

一起来学习 大暑节气的农俗吧!

大暑酷热，高温是常态，如果降雨量少的话，就会影响到农作物的生长。

农忙时也不要忘记做好防暑工作。

割稻子

大暑时节正是早稻成熟的时候，民谚云：“禾到大暑日夜黄。”所以，虽然天气炎热，但农民伯伯还是会忙着收割稻子，以免影响丰收。

防灾害

长时间的高温天气对农作物生长不利，高温少雨会形成伏旱，谚语云：“五天不雨一小旱，十天不雨一大旱，一月不雨地冒烟。”但是，下雨太多会形成洪涝灾害，淹没土地和村庄，甚至威胁到人的生命安全，所以每年的汛期要注意防洪排涝。

给棉花喝饱水

大暑时节，棉花到了一年中需水量最大的时候，所以发现棉花缺水时，要及时灌溉，确保棉花能够更好地生长。

酷夏时水分蒸发快，要给棉花浇足水。

观察大暑的气候和生活有什么特别之处？

大暑时节，我国许多地区的温度能达到35℃以上，南京、武汉、重庆这三个著名的“火炉”城市更是闷热难耐。

雷阵雨

大暑时节天气不稳定，是雷阵雨的多发期，一般发生在下午和傍晚。下过雨的傍晚很凉爽，大家吃过晚饭后喜欢去户外乘凉。

想一想

小朋友，你觉得大暑和小暑时的天气有什么不同呢？

趣味阅读

大暑（节选）

闻一多

大暑正是我回家的时候。
我要回家了，今天是大暑；
我们园里的丝瓜爬上了树，
几多银丝的小葫芦，
吊在藤须上巍巍颤，
初结实的黄瓜儿小得像橄榄……
呵！今年不回家，更待哪一年？
今天是大暑，我要回家了！

植物小百科：凤仙花开了

凤仙花喜欢阳光、怕湿、耐热不耐寒，正好适合在大暑节气生长。凤仙花的繁殖能力特别强，它的种子挂在茎秆上，一到成熟时期，包着种子的荚壳就会“啪”地一下自动裂开，黑色的种子落在地上，等到来年春天发芽生长，到大暑节气时就会花开一片。

你可以给凤仙花上色吗？

凤仙花的花朵形状像凤凰，颜色有红色、粉红色、紫色、白色等，有的品种一根茎上可以开出不同颜色的花，很漂亮。它的叶子长长的，边缘呈锯齿形，叶片上面还有小浅沟。旧时，民间有用凤仙花染指甲的习惯，因此又叫它指甲花。

扫码听诗词

凤仙花

唐·吴仁璧

香红嫩绿正开时，冷蝶饥蜂两不知。
此际最宜何处看，朝阳初上碧梧枝。

传说中凤凰非梧桐枝不栖，本诗中写凤仙花栖于碧梧枝上，诗人把凤仙花和凤凰相提并论，可见凤仙花在其心中的地位。凤仙花似彩凤，姿态优美，妩媚悦人，自古以来总有文人不吝笔墨吟咏凤仙花。

古代没有指甲油，
常用凤仙花染指甲。

用凤仙花染指甲

凤仙花别名指甲花。捡拾些自然落地的凤仙花花瓣放入杵中捣烂，然后将花泥均匀地涂在指甲上，晾干，这样指甲就被染上颜色啦！

立秋

立秋，是秋季的第一个节气，也是二十四节气中的第十三个节气，在公历 8 月 7 日至 9 日之间入节。立秋意味着暑去秋来，大自然开始迈入了秋天。虽然立秋之后天气仍然会有一段时间比较炎热，但气温日差逐渐明显，夜晚开始有些凉意。民谚云："早上立了秋，晚上凉飕飕。"立秋预示着炎热的夏天即将过去，秋天即将来临。立秋以后，下一场雨天气便会凉快一些，因而有"一场秋雨一场寒"的说法。

动动小手，记下立秋吧！

秋季是一个丰收的季节，立秋就是一年中秋季的开始，快来记录下立秋这一天吧！

______年

______月

______日

›今天天气是晴、雨、雪、阴的哪一种呢？在下面画出来吧！

›用红笔在右图上画出今天的最高气温和最低气温。

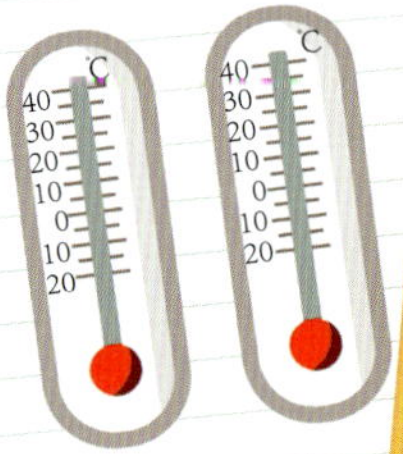

七十二物候·立秋

立秋时节，随着气候的转变，农作物渐渐开始成熟，许多动物也有了新的变化，一起看看立秋三候的故事吧！

三候

一候凉风至，

二候白露降，

三候寒蝉鸣。

松鼠老师开讲啦！

凉风至：立秋的风不同于夏天的风，这时候的风中夹杂着一丝凉意。

白露降：白天日照仍很强烈，夜晚的凉风刮来，形成一定的昼夜温差，空气中的水蒸气落在清晨室外植物上，凝结成一颗颗晶莹的露珠。

寒蝉鸣：寒蝉在微风吹动的树枝上鸣叫着，好像在告诉人们炎热的夏天过去了。

你知道立秋的习俗吗？

“秋”代表禾谷成熟，立了秋，就进入了一年中的下半年，天气逐渐转凉。在这个重要的日子，我国有许多有趣的习俗。

摸秋

等到庄稼作物成熟，人们会挑选一天，让个头矮小的小孩去摸高粱；没有男孩的人家去摸茄子；没有女孩的人家去摸辣椒。摸秋让人欢乐开怀。

贴秋膘

立秋这一天，民间流行称体重，看看人是否消瘦了，若是体重减轻，趁着秋季胃口大开，可以进食一些有营养的东西，这就叫“贴秋膘”。

啃秋

“啃秋”又称“咬秋”，指在立秋这天吃西瓜或香瓜，以此表达“啃下酷夏、迎接秋爽”的祈愿。三五个农民伯伯在瓜棚里或树荫下围坐，他们啃着红瓤西瓜，啃着绿瓤香瓜……畅聊着秋天的收获，喜悦之情溢于言表。

西瓜味甘多汁，清爽解渴，为盛夏佳果。

老人孩子秋收时要注意休息。

秋收互助

秋忙开始，民间普遍有“秋收互助”的习俗，你帮我我帮你，三五成群去田间，抢收已经成熟的玉米等农作物。

作物生长

立秋前后，多种农作物生长旺盛，中稻开花结实，大豆结荚，玉米抽雄吐丝，棉花结铃，甘薯薯块迅速膨大。

金黄的玉米似乎在咧嘴大笑。

学习立秋谚语

1. 早晨立秋凉飕飕，晚上立秋热死牛。
2. 立了秋，扇莫丢，中午头上还用着。
3. 一场秋雨一场寒，十场秋雨换上棉。
4. 七月秋风雨，八月秋风凉。
5. 立秋温不降，庄稼长得强。

趣味阅读

秋词

唐·刘禹锡

自古逢秋悲寂寥，我言秋日胜春朝。
晴空一鹤排云上，便引诗情到碧霄。

扫码听诗词

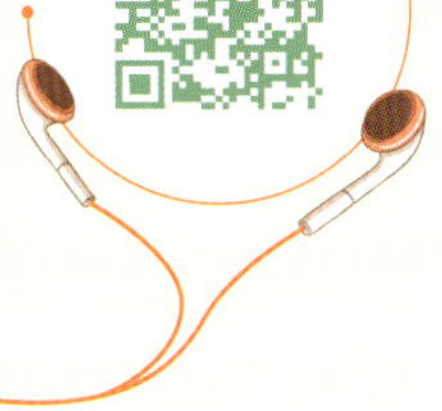

传统节日——七夕节

农历七月初七是我国的传统节日七夕节，在神话故事里，每年的这一天夜晚，天上的织女与牛郎会在鹊桥相会。

这一天也被称为中国的情人节。

牛郎织女的故事

牛郎是一个善良的小伙儿，他看到一头老牛病得厉害，便给它打来一捆捆草，一连喂了三天。老牛吃饱了，抬起头告诉他，自己本是天上的灰牛大仙，因触犯了天规被贬到人间。一天，天上的织女和诸仙女一起下凡，牛郎在老牛的帮助下认识了织女，两人互生情意，后来织女便偷偷下凡，来到人间，做了牛郎的妻子。牛郎和织女成亲后，生活很美满。但是好景不长，王母娘娘亲自下凡，强行把织女带回天上，将这对夫妻拆散。

牛郎上天无路，老牛告诉牛郎，在它死后，可以用它的皮做成鞋，穿着就可以上天。后来，牛郎按照老牛的话做了，穿上牛皮鞋，拉着儿女，一起上天去找织女，眼见就要成功了，王母娘娘拔下头上的金簪一挥，一道波涛汹涌的天河就出现了，牛郎和织女被隔在两岸，只能相对流泪。他们的爱情感动了喜鹊，千万只喜鹊飞来，搭成鹊桥，让牛郎织女在鹊桥上相会。

乞巧食五子

古时候，女孩们在七夕晚上对着夜空中的朗朗明月摆上五子，朝天祭拜，祈求上天能赋予她们聪慧的心灵和灵巧的双手，让自己的女红技法娴熟，祈求爱情婚姻可以美满。

五子有龙眼、大枣、榛子、花生、瓜子。

洗头节

有些地区的人们称七夕为“洗头节”，女性会在这天用木槿叶水洗头发。木槿叶中含有皂草苷，因此可以洗干净头发。另外，木槿叶中含有一种黏液物质，可使头发光滑柔顺。

要用温水洗，以免热水破坏叶子中的成分。

趣味阅读

古诗十九首·迢迢牵牛星

迢迢牵牛星，皎皎河汉女。
纤纤擢素手，札札弄机杼。
终日不成章，泣涕零如雨。
河汉清且浅，相去复几许。
盈盈一水间，脉脉不得语。

扫码听诗词

动物小百科：蝉

一到秋天，蝉就开始卖力地鸣叫。鸣叫的是雄蝉，它的腹部有发音器，能连续不断发出尖锐的声音。雌蝉不发声，但腹部也有发音器。蝉的一生要经历卵、幼虫和成虫三个时期，且会经历4~5次蜕皮，而后才会变成成虫，展翅高飞，被人形象地比喻为“金蝉脱壳”。

你可以给蝉上色吗？

蝉身上颜色比较深，接近深土黄色。有两对翅膀，呈透明或半透明，形状基本相同。蝉的头部又宽又短，两只大眼分别位于头部两侧且分得很开，短短的触角呈须状。蝉有细长的口器，能够刺穿树皮吸食树汁。

蝉

唐·李商隐

本以高难饱，徒劳恨费声。五更疏欲断，一树碧无情。
薄宦梗犹泛，故园芜已平。烦君最相警，我亦举家清。

此诗直抒胸臆，感情强烈，诗人借蝉栖高饮露的习性来表现自己高洁的品格，是托物咏怀的佳作。

蝉蜕煮粥能疏风散热。

蝉蜕是一味中药

蝉科昆虫羽化后的蜕壳，叫蝉蜕。它的外表像蝉，表面是黄棕色，因为中间是空的，所以呈现出半透明的光泽。洗净晒干后可以作为中药使用。

处暑

处暑，是秋季的第二个节气，也是二十四节气中的第十四个节气，一般在公历 8 月 22 日至 24 日之间入节。此时气温下降明显，炎热的夏天结束了。有些地方仍会有“秋老虎”的余威，但总的来说空气干爽，早晚较为凉快。处暑时节，中国南方大部分地区正是收获中稻的忙碌时节，日照比较充足，雨天不多，有利于稻子收割和晾晒。

动动小手，一起记录处暑吧！

处是“躲藏、终止”的意思，处暑意为暑气终止了。现在就让我们记录下处暑这一天吧！

____年

____月

____日

›今天天气是晴、雨、雪、阴的哪一种呢？在下面画出来吧！

›用红笔在右图上画出今天的最高气温和最低气温。

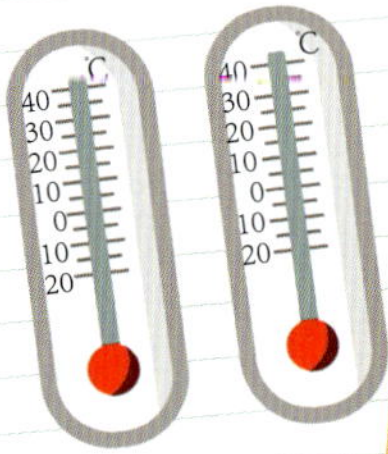

七十二物候 · 处暑

处暑是反映气温变化的节气，最能反映处暑物候变化的三候是什么呢？

三候

一候鹰乃祭鸟，

二候天地始肃，

三候禾乃登。

松鼠老师开讲啦！

鹰乃祭鸟：鹰盘旋在高空，看准地面的猎物，选择好时机，快速俯冲而下抓起猎物，锐利的爪子会紧紧抓住猎物不放，然后飞回巢穴。

天地始肃：天地间万物开始凋零，充满了肃杀萧瑟之气。

禾乃登：田地里的黍、稷、稻、粱一类的农作物已经成熟，农民伯伯准备开始秋收了。

观察处暑的气候和生活有什么特别之处？

处暑时节正处在由热转凉的时期，气温逐渐下降，雨量减少，空气中的湿度降低，人们从酷暑难耐的盛夏逐步进入凉爽的秋天。

秋老虎

古人认为每年的立秋当天如果没有下雨，那么立秋之后的二十四天仍会是很热的，就把这二十四天叫作“二十四个秋老虎”。如果立秋当天下雨了，哪怕是小雨，也称为“顺秋”，顺秋以后天气就会变得越来越凉爽宜人。

保存良好的大枣一年四季均可食用。

大枣红了

进入八月，树上的大枣由青转红。新鲜的大枣水分多，吃起来脆脆的。大枣含糖量高，味道甜美，又富含维生素，经常食用对身体大有益处。民间有“一日食三枣，百岁不显老”“一天一把枣，养颜又防老”“每天吃把枣，走路小步跑”的说法。

作物成熟

秋天光照减弱，气温下降，叶子开始变黄、变红。稻子、高粱等有壳的粮食作物成熟得很快，等待着人们去收割。

学一首关于处暑的诗

处暑后风雨

元·仇远

疾风驱急雨，残暑扫除空。
因识炎凉态，都来顷刻中。
纸窗嫌有隙，纨扇笑无功。
儿读秋声赋，令人忆醉翁。

一阵狂风暴雨把残余的暑气扫除一空，天气顷刻间变得寒冷起来。纸糊的窗子有一点缝隙，风会吹进来。细绢做成的团扇在这个时候已经没什么用处。听到孩童们诵读《秋声赋》，不由得让人想起当年悲秋的欧阳修。

处暑谚语

1. 处暑天还暑，好似秋老虎。
2. 处暑处暑，热死老鼠。
3. 处暑高粱遍地红。
4. 处暑三日割黄谷。
5. 处暑十日忙割谷。
6. 处暑好晴天，家家摘新棉。
7. 处暑栽白菜，有利没有害。

传统节日——中元节

中元节在农历七月十五，又称七月半或盂兰盆会，是民间祭奠逝去亲人的节日。人们白天去亲人的墓前祭拜，晚上去河边放花灯。

祭祀祖先

在中元节祭祖是慎终追远、固本思源的优良传统的一种体现，是一种文化传统。时逢小秋的农作物收获，也正好把丰收的喜悦与祖先分享。

放河灯

中元节放河灯，用以悼念逝去的亲人，祝福活着的人们。河灯又叫“荷花灯”，一般是在底座上放灯盏或蜡烛，四周粘上用纸板做成的荷花花瓣，整个形状看起来很像荷花。等到晚上去河边，就把灯座中间的灯点亮，然后把河灯轻轻放进河里，沿河水流动方向轻轻推几下，河灯就会被水流带着漂远。

送羊节、面塑

农历七月十五，还被称为“送羊节”。在古代，羊有吉祥之意。这一天要给每个家人捏一个大花馍，送给小辈的花馍要捏成羊形，称为面羊，取意“羊羔吃奶双膝下跪”，希望小辈不要忘记长辈的养育之恩；送给长辈的花馍要捏成人形，称为面人，寓意儿孙满堂，福寿双全；送给平辈的花馍要捏成鱼形，称为面鱼，寓意年年有余。现今则完全依据个人兴趣，羊、虎、牛、鱼、兔、人各种造型的馍都有。

制作荷花灯

准备塑料盘、蜡烛、儿童安全剪刀、硬纸板、胶水和铅笔。第一步：在硬纸板上画出荷花花瓣的样子，用剪刀剪下，然后连续剪出 10~12 个这样的花瓣。第二步：把花瓣粘在塑料盘的边上，共粘内外两圈，每圈 5~6 个花瓣，错开粘满，内圈的花瓣要稍稍立起来一些。第三步：把蜡烛粘在盘子的中央，一个荷花灯就做好了。

关于中元节的诗词

中元前一夕枕上偶成

清·纳兰性德

酒醒池塘耿不眠，帐纹漠漠隔轻烟。
溪风到竹初疑雨，秋月如弓渐满弦。
残梦远经吹角戍，明河长亘衣天。
哀蛩饯晓浑多事，也似严更古驿边。

纳兰性德是清代著名的词人，生活于满汉融合时期，这一特殊的生活环境与背景，使其诗词具有独特的艺术风格。

植物小百科：紫薇花开了

紫薇花树姿优美，树干光滑洁净，花色艳丽。花开时正当夏秋少花季节，花期长，有“百日红”的别称。用手抚摸树皮，整个植株会枝摇叶动，就跟人怕痒的反应一样，因此又叫“痒痒树”。它还有一个有趣的名字叫“猴刺脱”，因为它的树皮年年脱落，又很光滑，连猴子都爬不上去。

你可以给紫薇花上色吗？

紫薇的叶子是互生或对生，质感像纸一样，形状为椭圆形或倒卵形，幼时是绿色或黄色，成熟时或干燥时呈紫黑色。紫薇花有红色、紫色和白色三种颜色，有四五厘米长的花梗，常常在枝条顶端长出，呈圆锥形。

扫码听诗词

紫薇花

唐・杜牧

晓迎秋露一枝新，不占园中最上春。
桃李无言又何在，向风偏笑艳阳人。

诗人虽写紫薇但在诗中一字不提紫薇，使读者在惊奇之中，充分感受到紫薇不与群花争春，有着淡雅高洁的风骨和一枝独秀的品格，极有新意。

紫薇一般是丛生。

摸痒痒树

小朋友，看到这里想不想去摸一摸紫薇树，看看它会不会抖动呀？小朋友可以和爸爸妈妈去花园或郊外，找一棵紫薇树，然后轻轻地抚摸它的树干。不过一定要先提前记住紫薇树长什么样子哦，这样才能准确地找到它。

白露

白露，是秋季的第三个节气，也是二十四节气中的第十五个节气，在公历 9 月 7 日至 9 日之间入节。此时人们就会明显地感觉到炎热的夏天已经过去，而凉爽的秋天已经到来。天气转凉后，人们会在清晨时分发现地面和叶子上有许多露珠。古人以四时配五行，秋属金，金色白，故以白形容秋露。白露一到，就迎来了瓜果飘香、作物成熟的时节。

动动小手，记下白露吧！

天气一日比一日凉爽，清晨的露水随之日益加厚，别忘了记录下白露这一天！

______年

______月

______日

›今天天气是晴、雨、雪、阴的哪一种呢？在下面画出来吧！

›用红笔在右图上画出今天的最高气温和最低气温。

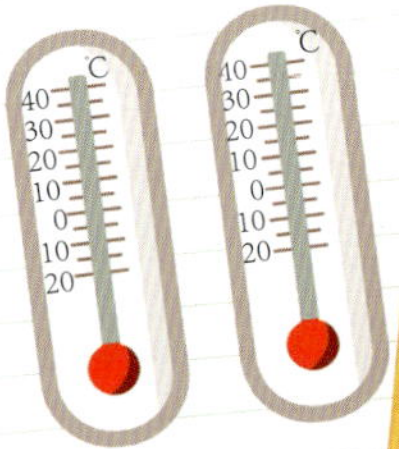

七十二物候 · 白露

白露是反映自然界气温变化的节气，露是“白露”节气后特有的一种自然现象。小朋友一起来看看白露还有哪些物候变化吧！

三候

一候鸿雁来，

二候玄鸟归，

三候群鸟养羞。

松鼠老师开讲啦！

鸿雁来：个头大些的鸿鸟和稍小一些的雁，都敏锐地感觉到了气候的变化，在白露开始的时候就要飞往南方过冬了。

玄鸟归：“玄鸟归”对应春分的“玄鸟至”，燕子春来秋去，于秋天自北方飞去南方。

群鸟养羞：大部分的鸟儿在这个时节感到了节气的变化，纷纷开始储备粮食过冬。

你知道白露的气候特点吗?

“白露秋风夜，一夜凉一夜。”这句谚语形象地描述了白露时节温度的变化，那么，除了降温快，白露时节还有什么气候特点呢？快来看看！

秋旱

有谚语形容：“春旱不算旱，秋旱减一半。春旱盖仓房，秋旱断种粮。”北方部分地区，秋季降水偏少，如果再出现严重秋旱的话不仅影响秋季作物收成，还延误秋播作物的播种和出苗，继而影响来年收成。干旱还会使山林地区的空气特别干燥，风力变大时，如果出现火星，很容易引发森林火灾。

霜冻

冷空气入侵会使白露节气的温差变大，如果夜晚温度低于0℃，农作物细胞会脱水，导致大批量的枯萎或死亡，这就是霜冻灾害。

露水现

天气逐渐转凉，白天阳光充足，但是太阳落山后，气温便很快下降，导致夜间空气中的水汽遇冷凝结成细小的水滴，非常密集地附着在花草树木的茎叶或花瓣上，在早晨的太阳光照射下晶莹剔透，很是惹人喜爱。

一起来学习 白露节气的农俗吧！

白露时节，有些农作物可以收获了，而有些还需要继续养护，一起来看看都有哪些成熟的农作物吧。

收大枣

枣树上已经挂满了红彤彤的枣子，一颗颗枣子压弯了枝头，大家可以爬上树去摘，还可以拿杆子敲。捡一颗大红枣，擦干净，放在嘴里，“咔嚓”一声，就尝到了只在白露时节才有的甜甜、脆脆的红枣味道。

大枣外形有圆形、椭圆形、长圆形等。

摘棉花

吐絮的棉花已经可以采摘了，采棉花的时候头上要带着草帽，此时天气还有点炎热，戴帽子可以防晒。腰上系一个特制的棉花包，开始细心地摘下棉花放入包里。棉花经过去籽等加工程序后，就可以用来纺线、织布，做成棉衣和棉被等。

植物小百科：桂花开了

桂花开了，远远地就能闻到属于它的香气。桂花是我国的十大名花之一，最有代表性的品种是金桂、丹桂和月桂。相传月宫中有一棵桂花树，仙人吴刚因为不遵守仙规，被罚到月亮上伐树，但是一砍树就自动愈合，总是不能砍倒，所以吴刚砍了千万年的桂树。

你可以给桂花上色吗？

桂花小小的，有金黄色、橘黄色和淡黄色。叶子是椭圆形的，摸起来像皮革一样，边缘还有锯齿。桂花可以用来做桂花茶、桂花糕、桂花粥和桂花饭，还能做香水，它们都散发着淡淡的桂花香气。

扫码听诗词

芗林五十咏·丛桂

南宋·杨万里

不是人间种，移从月中来。

广寒香一点，吹得满山开。

诗人以通俗畅晓的语句，盛赞桂花之香浓，好似来自天上的品种。

桂花茶茶色清亮，还能缓解口臭。

桂花茶

桂花茶是一种传统花茶，由桂花和茶叶制成，冲泡后会散发出桂花的香味，可以止咳化痰。桂花茶还有美白肌肤的效果，小朋友可以亲手泡一杯桂花茶给妈妈喝,祝妈妈永远美丽动人。

秋分

秋分，是秋季的第四个节气，也是二十四节气中的第十六个节气，在每年的 9 月 22 日至24日之间入节。秋分同春分一样，昼夜等长，且秋分日居秋季90天的中间，平分了秋季。此时太阳直射位置移至赤道，北半球得到的热量越来越少，而地面散失的热量却越来越多，气温降低的速度明显加快，尤其是秋雨之后降温更加明显。此时秋高气爽、丹桂飘香、蟹肥菊黄，是秋收的好时节。

动动小手，记下秋分吧！

秋分日也是“中国农民丰收节”，现在就让我们记录下秋分这一天吧！

____年

____月

____日

›今天天气是晴、雨、雪、阴的哪一种呢？在下面画出来吧！

›用红笔在右图上画出今天的最高气温和最低气温。

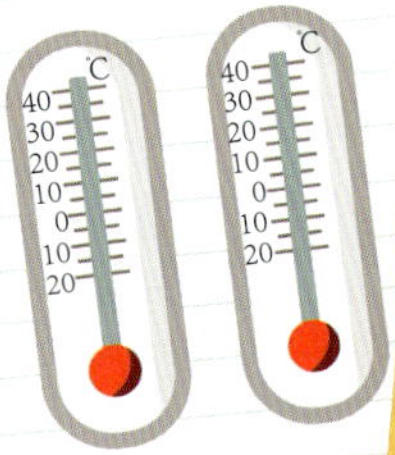

七十二物候·秋分

秋分时节，北斗七星的斗柄指向正西方，全国气温普遍降低，进入凉爽舒适的时节，那么一起来看看这个季节的物候变化有哪些吧！

三候

一候雷始收声，

二候蛰虫坯户，

三候水始涸。

松鼠老师开讲啦！

雷始收声：古人认为雷是因为阳气盛而发声，秋分后阴气开始旺盛，阴盛阳衰，所以不再打雷。

蛰虫坯户：蛰居的小虫子们开始把自己居住的小洞堵起来，防止寒气入侵。

水始涸：秋季雨水渐渐减少，沟渠里的水开始干涸。

你知道 秋分的习俗吗？

秋分时节，家家户户都在忙着秋收，庆祝中秋节，有很多预祝秋收顺利和寓意着幸福团圆的习俗流传在民间。

送秋牛图

秋分时节，民间会有人挨家挨户送秋牛图。所谓秋牛图，就是在对开的红纸或黄纸上印着全年农历节气和农夫耕田图样。送秋牛图的人每到一家就说些关于农时和秋耕的吉祥话。

吃秋菜

民间有“秋分吃秋菜”的传统，秋菜是一种野苋菜，也被叫作“秋碧蒿”，在田野中摘取，一般是嫩绿色，细细的一棵，跟人的手掌一样大。采回来之后洗干净，和鱼片一起做成汤，民间又叫“滚汤”“秋汤”。

粘雀子嘴

古时秋分时节，每家都要吃汤圆，还要把一些汤圆用细竹叉扦着置于田边地坎，用意是用来粘雀子嘴，以免雀子来破坏庄稼。汤圆是由糯米包馅做成的，吃起来比较黏腻，难消化，所以人一次不能食用过多。

一起来学习 秋分节气的农俗吧！

秋分至，秋收忙，秋分时节降温越来越明显，昼夜温差越来越大，使得秋收、秋耕、秋种的“三秋”大忙显得格外紧张。

耕地

耕地就是在收了玉米之后、栽种冬小麦之前，把土地耕翻一遍，这样可增加土壤水分，更有利于麦子生长。秋翻不仅能把杂草和枯枝落叶埋入土壤的耕作层下，还可以保住大量水分，减轻来年的春旱和夏锄时的草荒，所以农谚有云：“秋翻深一寸，顶上一茬粪。”

收稻子

水稻脱粒去壳后就是大米。

农民伯伯一大早趁着天还不是很热，拿着镰刀开始割水稻，割完后就要捆稻子和拉稻子，稻子拉回家后铺满广场，用拖拉机碾压，碾压后去掉杂物，将剩余的稻粒装仓。

播种冬麦

“白露早，寒露迟，秋分种麦正当时。”南方的农民伯伯在收割了田地中的玉米后，要浇水种冬小麦了。经历刨沟、撒种子、平耙和踩实后，种冬小麦的第一步就成功了，其后的水分管理和病虫害管理会逐渐提上日程。

传统节日——中秋节

中秋节在农历八月十五，又称月夕、八月节、拜月节、女儿节或团圆节，自古便有赏月、拜月、吃月饼、赏桂花、饮桂花酒等习俗，流传至今，经久不息。

吃月饼

俗话说：“八月十五月正圆，中秋月饼香又甜。”中秋吃月饼寓意家人团圆，寄托思念。北方人喜欢吃甜月饼，南方人喜欢吃咸月饼，还有莲蓉、水果月饼。小朋友，你喜欢什么口味的呢？

吃柚子

柚子味酸甜。

中国南方一些地区在中秋节有吃柚子的习俗。中秋是柚子成熟的季节，食用正当时。又因柚子外形浑圆，在中国传统文化中具有团圆的象征意义。此外，柚子还有“富有”的吉祥寓意。

赏月亮

八月十五月亮最圆，在这个日子里一家人围坐在一起，吃着香喷喷的月饼，喝着桂花酒，抬头赏月，希望家人一直都可以团团圆圆。

以月之圆喻人之团圆。

嫦娥是中国神话中的月宫仙子。

嫦娥奔月的故事

传说中，有十个太阳同时出现在天上，晒得庄稼枯死，民不聊生。有一位名叫后羿的英雄，力大无穷，他拉开神弓，一口气射下九个太阳，只留下一个在天上。不少志士慕名前来拜师学射箭，心术不正的蓬蒙也混了进来。一天，后羿到昆仑山求道，向王母求得一包不死药。据说，服下此药能即刻升天成仙。然而，后羿舍不得撇下妻子嫦娥，暂时把不死药交给嫦娥保管。嫦娥将药藏进梳妆台的百宝匣。三天后，后羿率众徒外出狩猎，心怀鬼胎的蓬蒙假装生病，没有外出。待后羿率众人走后不久，蓬蒙持剑闯入内宅后院，威逼嫦娥交出不死药。嫦娥知道自己不是蓬蒙的对手，危急之时她转身打开百宝匣，拿出不死药一口吞了下去。嫦娥吞下药，身子立刻飘离地面，冲出窗口，向天上飞去。由于嫦娥牵挂着丈夫，便落到离人间最近的月亮上成了仙。

傍晚，后羿回到家，得知了白天发生的事既惊又怒，抽剑去找恶徒，但蓬蒙早已逃走。后羿气得捶胸顿足，悲痛欲绝，仰望着夜空呼唤嫦娥，这时他发现，今天的月亮格外皎洁明亮，而且有个晃动的身影酷似嫦娥。后羿思念妻子，便到嫦娥喜爱的后花园里，摆上香案，放上妻子平时爱吃的蜜食鲜果，遥祭在月宫里的妻子。百姓们闻知嫦娥奔月成仙的消息后，纷纷在月下摆设香案，向善良的嫦娥祈求吉祥平安。从此，中秋节拜月的风俗就在民间传开了。

趣味阅读

望月怀远

唐·张九龄

海上生明月，天涯共此时。
情人怨遥夜，竟夕起相思。
灭烛怜光满，披衣觉露滋。
不堪盈手赠，还寝梦佳期。

扫码听诗词

植物小百科：红花石蒜开了

红花石蒜俗称“彼岸花”，又叫曼珠沙华，它先开花后长叶，有花的时候没有叶，有叶的时候没有花。红花石蒜是冬春赏叶，夏季叶落休眠，秋季赏花。

你可以给红花石蒜上色吗？

红花石蒜喜欢阴湿的环境，怕阳光直射，花茎高 30~60 厘米。花是伞形的，在茎的顶端生长，颜色通常是鲜红色的，花瓣向后翻卷，雄蕊和花柱常常伸出来,长度是花瓣的一倍左右。平时我们看到的红花石蒜是由 4~7 朵花组成的花团。

蝶恋花·彼岸花

彼岸花开开彼岸，独泣幽冥，花艳人不还。
尘世忍离谁再念？黄泉一路凝泪眼。
叶落花开花独艳，世世轮回，花叶空悲恋。
莫叹人间魂黯淡，何知生死相怜远！

彼岸花自古以来就有悲伤、天人两隔的寓意，所以常被诗人用来表达离别。

喜阴，常被种植在背阴处。

红花石蒜不要碰

小朋友，因为红花石蒜的根茎有一定的毒性，所以看到红花石蒜后要保持一定距离观察它的花朵形状，不可以用手触碰哦。

寒露

寒露，是秋季的第五个节气，也是二十四节气中的第十七个节气，一般在公历 10 月 7 日至 9 日之间入节。“九月节，露气寒冷，将凝结也”，寒露节气气温进一步降低，渐有寒意，雨水明显减少，地面的露水即将凝结成霜。此时中国大部分地区天气凉爽，北方已呈深秋景象，白云红叶，偶见早霜；南方也秋意渐浓，蝉噤荷残。到了一年一度的重阳节，人们喜欢登高望远。

动动小手，记下寒露吧！

寒露是气候从凉爽到寒冷的过渡，现在就让我们记录下寒露这一天吧！

______年

______月

______日

›今天天气是晴、雨、雪、阴的哪一种呢？在下面画出来吧！

› 用红笔在右图上画出今天的最高气温和最低气温。

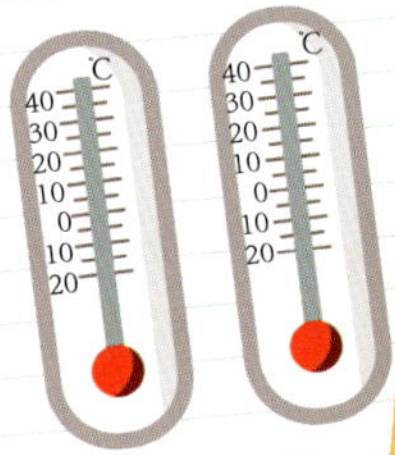

七十二物候·寒露

寒露是一个反映气候变化特征的节气，“寒”指寒冷。那在这个季节里又有哪些物候变化呢？一起来看看。

三候

一候鸿雁来宾，

二候雀入大水为蛤，

三候菊有黄华。

松鼠老师开讲啦！

鸿雁来宾：此节气，鸿雁大举南迁，早些到达的大雁在这时已经熟悉了南方的环境，就像是主人一样，而后去的大雁便被看作是宾客。

雀入大水为蛤：鸟雀在深秋之中已经销声匿迹了，而色泽与雀鸟近似的蛤蜊在深秋天寒时节大量繁殖。

菊有黄华：黄色的菊花开放了，美丽动人。

一起来学习
寒露节气的农俗吧！

寒露时节秋高气爽，有利于秋季蔬菜生长，因此要积极开展种植蔬菜的田间工作。

南方的农民伯伯在耕地准备播种。

播种

进入寒露节气，淮北地区自北向南陆续迎来油菜、蚕豆等的播种期。此时天气变化起伏大，农民伯伯需要做好准备，在合适的时间播种，争取壮苗。

挖藕季从每年7月持续到次年5月。

采藕

深秋，荷塘的荷叶凋零，藕埋在淤泥深处，勤劳的农民伯伯要准备挖藕了。他们穿着从脚到胸的连体皮衣，皮手套一直套到肩膀处，趟在冷冷的泥水里，弯腰，用手轻轻地抠出藕来，尽量保持完整，一天下来后难免腰酸背痛。小朋友要珍惜农民伯伯的劳动成果，不能浪费粮食哦。

你知道寒露时大自然的美丽植物吗？

寒露时节，大自然的景色依旧美丽，北方树叶相继变黄，枫叶变红，南方的芦苇花开始飘荡，形成一幅幅美丽的秋景图。

天气渐冷，枫叶从绿变红，再到凋落，赏红叶要正当时。

枫叶红了

寒露时节，是观赏红叶的好时候。萧瑟的秋风和持续的低温把枫叶催红，满树的红叶就像是火把一样闪耀。“霜叶红于二月花”，枫叶的红是深红色的，艳丽而深沉。

此时节，北京人喜欢在明媚的日子里到香山观赏红叶，“一片两片三四片，五片六片七八片，香山红叶红满天。”

芦苇花开

芦苇多生在水边、河堤和沼泽地附近，一大片一大片挨着生长。风吹过，飘散着漫天的芦花。寒露过后，正是去芦苇荡里望芦花飞舞的好时节。

芦苇花可以扎扫帚、做芦花靴，花絮可填枕头。芦叶、芦花、芦茎、芦根和芦笋都可入药，是一种生命之花。

趣味阅读

芦花

唐·雍裕之

夹岸复连沙，枝枝摇浪花。

月明浑似雪，无处认渔家。

传统节日
——重阳节

重阳节在农历九月初九，“九”在数字中是最大数，有长久长寿的含义，寄托着中国人对老人健康长寿的祝福，因此重阳节又叫“敬老节”。古时民间在重阳节有登高祈福、秋游赏菊、佩插茱萸、拜神祭祖及饮宴求寿等习俗。

登高还能锻炼身体。

登高

重阳节，秋风送爽，适合登高望远，放松身心，欣赏祖国的大好河山。登高的风俗由来已久，它来源于古人对山岳的敬爱和崇拜之情，登山祈福也是类似的说法。登高也不都指登山，登高楼、登高台也可算登高。

尊老爱幼是中华民族的传统美德。

敬老爱老

重阳节自古就有祭祖、设宴求寿的传统，一直发展到现代。1989 年，国家把农历九月初九定为“敬老节”，倡导全社会尊老、敬老、爱老、助老。

采新鲜的茱萸果，留三四片叶子，斜插在鬓发上。

佩茱萸

茱萸是一种可以做中药的果实。重阳节这一天，登山时采些茱萸佩戴在手臂或者香袋里，有驱虫、祛湿、祛风邪的含义，相传能使人平安吉祥。

赏菊、喝菊花酒

重阳日历来有赏菊花的风俗，所以重阳节又被称为菊花节。重阳日还有饮菊花酒的传统习俗，具有驱灾祈福的吉祥寓意。人们会在当日举办菊花大会，邀请大家一起赏菊、品酒。

多由米粉、干果蒸成。

吃重阳糕

重阳节吃糕，就和中秋节吃月饼一样，都是应节的食物。重阳糕又称花糕、菊糕、五色糕，没有统一的做法，当天吃的松软糕点都可以叫重阳糕。

趣味阅读

九月九日忆山东兄弟

唐 · 王维

独在异乡为异客，每逢佳节倍思亲。
遥知兄弟登高处，遍插茱萸少一人。

扫码听诗词

植物小百科：菊花开了

菊花是我国十大名花之一,也是花中四君子之一,它有清寒傲雪的品格,自古以来就深受人们喜爱。关于它的诗句有陶渊明的“采菊东篱下,悠然见南山”,孟浩然的“待到重阳日,还来就菊花”。秋天是赏菊的季节,人们也会举办赏菊、赛菊大会。

你可以给菊花上色吗?

菊花是一种多年生的草本植物,直立分枝,基部半木质化,开花后茎大多会枯死,等到来年春天再长出来。叶片是卵形的,网状分裂,边缘有锯齿。花瓣有像舌头的和像细管的两种花形,花朵色彩十分丰富。

扫码听诗词

重阳席上赋白菊

唐 · 白居易

满园花菊郁金黄，中有孤丛色似霜。

还似今朝歌酒席，白头翁入少年场。

白菊虽是孤丛，好似“白头翁”，但是却与众“少年”在一起，并不觉得孤寂、苍老，仍然充满青春活力。此诗写得新颖而别致，词约而意丰，全诗表现了诗人虽然年老但仍有少年的情趣。

色泽清澈，香味幽远怡人。

自制菊花酒

菊花酒的制作步骤：菊花洗净去蒂，放入干净的玻璃瓶中，再倒入 50° 左右的由粮食酿成的白酒，喜欢甜一点的可以加些冰糖，然后密封浸泡 10 天即可。菊花有清热解毒的功效，对眼睛也有益处，不但可以泡酒，还能泡茶喝。

霜降

霜降是秋季的最后一个节气，也是二十四节气中的第十八个节气，一般在公历10月22日至24日之间入节。“霜”是水的白色结晶，霜降也就意味着出现初霜，这也表明地面以及地表温度已经降到0℃以下。霜降时节是大秋作物最后完成收获的季节，农民伯伯们会抓紧时间收获晚稻，晚稻如果不及时收割，就会出现落粒，还有可能被麻雀等鸟类啄食。

动动小手，记下霜降吧！

霜降有天气渐冷、初霜出现的意思，现在就让我们记录下霜降这一天吧！

______年

______月

______日

›今天天气是晴、雨、雪、阴的哪一种呢？在下面画出来吧！

›用红笔在右图上画出今天的最高气温和最低气温。

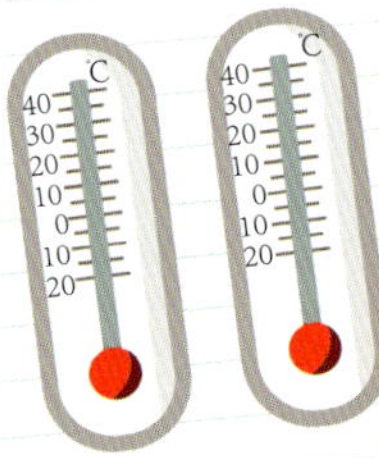

七十二物候·霜降

这个时节，黄河流域出现初霜，草木开始枯黄，大地呈现一片深秋景象。大自然中变化比较明显的物候现象有哪些呢？快来看一看。

三候

一候豺乃祭兽，

二候草木黄落，

三候蛰虫咸俯。

松鼠老师开讲啦！

豺乃祭兽：霜降来临，许多动物要准备过冬的食物了，豺狼也不例外，开始多多捕获猎物，以备冬季食用。

草木黄落：天气转冷，草木开始枯黄，树叶凋零，大地呈现一片萧索的深秋景象。

蛰虫咸俯：蛰虫陆续回到洞中蛰伏过冬。

你知道霜降的习俗吗?

霜降时节，最具代表性的习俗是吃柿子，小朋友你喜欢吃柿子吗?

吃柿子

在我国的一些地方，霜降时节要吃柿子。柿子一般在霜降前后完全成熟，这时候的柿子皮薄、肉鲜、甜度大、味美。

有谚语说“霜降摘柿子，立冬打软枣”“霜降不摘柿，硬柿变软柿”。家有柿子树的人到了这个时候，会爬上高大的柿子树，摘几个香甜的柿子吃。而有的人会拿着一根长长的木棍，把柿子敲下来。

制作柿饼

柿饼是由柿子制成的，可以延长柿子的保存期，它的制作方法有两种，一种是自然干燥法，一种是人工干燥法。

自然干燥法：

一、选用充分成熟的果子，去掉果皮。

二、选择一处光照充足、空气流通、清洁卫生的地方，用木棒或砖块搭个高 1 米左右的架子。将去皮后的柿果果顶向上，单层排在屉上，再把屉放在架子上暴晒。晚间用席盖好，防露水，雨天要防雨。

三、10 天左右，果肉皱缩，果顶下陷后进行第 1 次翻动，以后每隔 3~4 天翻动 1 次。每次翻动时捏饼，若第 2 次捏饼时柿饼外硬内软，回软后没有发汗现象，就可进行上霜、出霜。

四、上霜时将两饼顶部相合，萼蒂部向外，在缸中放一层干柿皮放一层柿饼，反复叠放至将满缸，然后封缸，放在阴凉处生霜。柿饼上霜与环境温度有关，温度越低，上霜越好，所以要将缸放在阴凉处。

不同品种的柿子颜色也有差异，从浅橘红色到深橘红色皆有。

人工方法：把需要太阳晒的步骤变成了用烘烤箱烘干，烘的过程中要注意温度的控制，不能超过 55℃，还要勤翻果子以便受热均匀，注意捏果蒂，以防果顶缩入。用人工干燥方法制作的柿饼比自然干燥的少了一些涩味，出霜好，质量高。

传统节日——寒衣节

农历十月初一是我国传统的祭祖日，又叫“十月朝”“祭祖节”。这一天代表寒冬即将到来，人们不忘逝去的亲人，为他们烧去纸做的御寒衣物，谓之送寒衣，因此就叫“寒衣节”。

烧寒衣

古人一般会提前准备好供品、五色纸、冥币和香箔备用。五色纸中间夹有棉花代表棉衣。在坟前焚香点蜡，摆供品、烧寒衣，寄托对已逝亲人的哀思。

古时厨房大都带有烟囱。

穿棉衣、通烟囱

寒衣节时人们要换上御寒的衣物。即使此时天气仍然暖和，不适合穿棉衣，也要督促家人提前准备好。人们还会整理火炉、烟囱，试着生一下火，以保证天气寒冷时顺利取暖。

用红豆糯米饭夜奠

江苏一些地区在寒衣节有煮红豆糯米饭以夜奠并食用的习俗。据江苏大丰一带的民间传说，此举是为了纪念一位与地主抗争而被地主砍死的放牛娃，因为他流的血染红了撒在地上的米饭。

香香软软，适合全家老小食用。

孟姜女送寒衣的故事

相传，秦朝时江南松江府有孟姜两家人，他们种葫芦种出了一个女子，孟姜两家就按姓氏给她取名叫孟姜女，并当作女儿疼爱养大。孟姜女十八岁时，有一天，一个卖诗讨饭的书生来到孟家门口，原来这书生是孟姜两家好友范世安的儿子范喜良。孟姜两家收留了他，又把孟姜女许配给他。

就在范喜良和孟姜女成婚的第三天，秦始皇下令在全国抓捕壮年劳力去北方修筑长城。范喜良在地里干活时被抓去了，孟姜女听说后哭得死去活来。

一转眼就到了冬天，这年冬天特别寒冷。孟姜女千里寻夫，给范喜良送冬天的衣服。她寻到长城脚下，却听别人说丈夫已经死了，被埋筑在城墙底。孟姜女悲愤交加，在长城脚下日夜痛哭，哭倒长城八百里，终于感动天地，寻见了丈夫的尸骨。孟姜女哭倒长城后，怀抱丈夫遗骨，纵身跳入了波涛汹涌的大海。一时间，浪潮滚滚，好像在为孟姜女悲叹。

民间有歌曰：葫芦结子生孟姜，喜结良缘遇范郎。千古一帝秦始皇，拆散一对好鸳鸯。范郎修筑长城死，孟姜哭倒长城墙。贞烈女子性情刚，为保全节跳了江。

孟姜女千里寻夫。

植物小百科：芙蓉花开了

芙蓉花在深秋霜降之时开花，因为它不畏寒霜，所以又被称作拒霜花。芙蓉花美艳无比，色彩多样，有红芙蓉、白芙蓉和黄芙蓉，还有颜色一日三变的醉芙蓉。醉芙蓉早晨是粉白色，白天是浅红色，夜色降临是深红色，其娇艳的姿态，常常令人流连忘返。

你可以给芙蓉花上色吗？

芙蓉花属落叶的大灌木或小乔林，茎上有短短的柔毛。叶子是卵形的，有阔卵或圆卵，边缘有锯齿，两面都有黄褐色的绒毛。芙蓉花的花形大而美丽，单瓣或重瓣，花梗长5~8厘米。

和陈述古拒霜花

北宋·苏轼

千林扫作一番黄，只有芙蓉独自芳。

唤作拒霜知未称，细思却是最宜霜。

秋天的林子一片枯黄，只有芙蓉花还在绽放。原来芙蓉花还有一个名字叫作拒霜花，细细想来，叫作拒霜花更适合这个季节。

芙蓉花又名木芙蓉、地芙蓉。

家养芙蓉花

小朋友，在家里养芙蓉花要注意以下几点：一要选择较大的瓷花盆或素烧盆；二应使用疏松、肥沃、透气性良好的土壤。春季要多浇水，放在光照充足的地方；夏季比较热，也要多浇水，阳光强烈的时候最好遮阳；秋季开花前，适当施点磷肥可以使花开得更好、更艳丽。越冬时温度最好保持在10℃左右。

立冬

立冬是冬季的第一个节气，也是二十四节气中的第十九个节气，在公历 11 月 6 日至 8 日之间入节。立，建立、开始；冬，终也，万物收藏也。意思是说秋季作物全部收晒完毕并收藏入库，动物也已藏起来准备过冬。人们在立冬这天有进补的习俗，为增强体质以适应冬天的寒冷。立冬时节，我国大部分地区降水显著减少，空气变得干燥。

动动小手，记下立冬吧！

立冬，表示冬季的开始，现在就让我们记录下立冬这一天吧！

______年

______月

______日

›今天天气是晴、雨、雪、阴的哪一种呢？在下面画出来吧！

›用红笔在右图上画出今天的最高气温和最低气温。

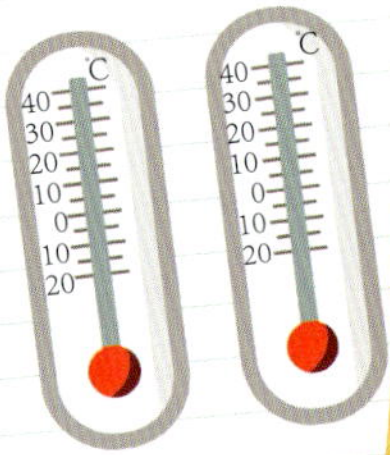

七十二物候·立冬

立冬时节，由于食物匮乏，动物很难找到食物维持正常体温，所以纷纷开始冬眠，尽量把能量消耗降到最低。此外还有哪些物候变化呢？快来看看吧！

三候

一候水始冰，

二候地始冻，

三候雉入大水为蜃。

企鹅老师开讲啦！

水始冰：这个时候，北方的气温接近0℃或在0℃以下，户外的水开始结冰。

地始冻：温度的降低，不仅使水结冰，田地也渐渐被冻住了。

雉入大水为蜃：立冬后，野鸡一类的大鸟不多见了，而海边却可以看到与野鸡的线条及颜色相似的大蛤蜊。

你知道立冬的习俗吗？

立冬代表着冬季的到来，是一个非常重要的节气，与立春、立夏、立秋合称“四立”。立冬时节，流传下来很多有趣的习俗。

拜师

古时，在冬季里，好多村庄都会举行拜师活动。学校的管理人员组织学生和学生家长提着果品和点心到学校去慰问老师，这叫作“拜师”。学生还需向老师行礼问安，礼毕后帮助老师做一些力所能及的事情。有些老师会设宴招待前来拜师的学生。

立冬进补宜食肉类。

补冬

“立冬补冬，补嘴空”，辛苦一年后，用立冬这一天来休息并做些美食犒赏全家人。北方人在这一天大多吃饺子进补，南方人则喜欢吃鸡鸭鱼肉，其中广东人喜欢用药膳进补。

吃甘蔗

广东潮汕有一句谚语：“立冬食蔗不牙疼。”潮汕人在立冬这一天有吃甘蔗的习俗，据说在这一天吃甘蔗对牙齿有很好的保护作用。

甘蔗还能用于制糖。

吃饺子

为什么立冬吃饺子？因为饺子有“交子之时”的说法。立冬是秋冬季节之交，故在交子之时吃饺子。立冬之日，吃各种馅的饺子，蘸醋加蒜泥吃，别有一番滋味。

学一首关于立冬的诗

立冬日作

南宋 · 陆游

室小才容膝，墙低仅及肩。
方过授衣月，又遇始裘天。
寸积篝炉炭，铢称布被绵。
平生师陋巷，随处一欣然。

虽然房间小得只能容下膝盖，墙的高度只有肩膀那么高，但这又有什么关系呢？只要心胸宽大就足够了。诗中生存的空间和心灵的空间形成强烈的对比，展示出一种豁达的人生境界。

扫码听诗词

一起来学习
立冬节气的农俗吧！

立冬时节，虽然大部分农作物都已归仓，但农民伯伯还有些事情需要在这个季节提前做好，让来年的收成更好。

多种农作物在此时都需要补充水分。

浇冬水

立冬后的夜晚，华北及黄淮地区的土壤会结冰，白天冰就化了，农民伯伯赶在冰化之时，抓紧时机给蔬菜、瓜果及冬小麦浇水，以补充土壤水分，防止“旱助寒威”，力求将冻害降到最低程度。另外，立冬后农民伯伯还要及时做好大棚管理工作，白天气温高时在背风口揭膜通气，晚上再做好大棚密封工作。

剪枝

立冬节气，果农伯伯会用剪刀为果树修剪树枝，剪掉枯死、有虫害的树枝，为果树提供更多生存的空间和养分，这样果树才能在来年结出又甜又大的果实。

立冬的生活有哪些特别之处？

天气越来越冷，树上的叶子都掉光了，田野里也很难见到小动物的身影，人们这个时候也要做过冬的准备了。

取暖

冬天到了，家家户户开始为过冬做准备，在屋子里生起火。天气渐渐变冷，院子里养的牛、羊、马也长了厚厚的毛，牛和马不再需要下田劳动，主人已经准备好充足的干草以供它们食用。羊圈围上了草围栏，大门也密封好，尽可能地减少寒风进入圈中。把家里不用的棉被、棉衣盖在狗窝、鸡窝上，帮助小狗、小鸡们抵御寒风。

添衣

翻出厚厚的毛衣、棉衣、羽绒服，先拿到太阳底下去除霉味，然后放回衣柜里，方便天气变冷时随时穿衣。晚上睡觉用的被子也换成了厚厚的棉被，人们渐渐减少了户外活动，待在家里的时间多了起来。

滋补

天气寒冷，应该吃一些滋补的东西给身体增加热量以抵御寒冷。牛肉、羊肉、鸡蛋、鱼类、豆浆、牛奶等一些热量高的食物均是不错的选择。还要注意补充维生素，多吃点深绿色蔬菜和新鲜水果。

植物小百科：兰花开了

兰花已有千余年的种植历史，自古被看作是高洁典雅的象征，并与“梅、竹、菊”合称“四君子”。兰花质朴文静、淡雅高洁的气质，很符合东方人的审美，兰花象征美好，人们常以“兰章”喻诗文之美，以“兰交”喻友谊之真。

你可以给兰花上色吗？

中国传统名花中的兰花是附生和地生的草本植物，叶子是倒披针形或狭窄的椭圆形。花由两侧对称的花瓣、唇瓣基部组成。花的颜色有白色、黄色、红色、青色和紫色等。

孔子家语（节选）

不以无人而不芳，不因清寒而萎琐。

气若兰兮长不改，心若兰兮终不移。

兰花生长在幽深的林间，但它们不会因为没有人来欣赏就不散发芳香。有德行的人建树美德，不会因为穷困潦倒而放弃节操。我的承诺和兰花的芳香一样长存不变，我的心和兰花一样忠贞不移。

兰叶窈窕多姿。

赏兰

兰花的观赏价值很高，不仅花好看，它的叶子一整年都是鲜绿色的，姿态很优美。兰花的香气清而不浊，养几盆兰花点缀在家中，开花之时清香阵阵，会让人心情舒畅。

小雪

小雪是冬季的第二个节气，也是二十四节气中的第二十个节气，在每年公历 11 月 21 日至 23 日之间入节。此时空气湿度不大，气候干冷，北方的寒潮和强冷空气活动频繁，会迎来初冬的第一场雪，但雪下得不会很大。“小雪气寒而将雪矣，地寒未甚而雪未大也”，此句形象地描述了小雪的气候特点。小雪时节的降雪对农业生产非常有益。

动动小手，记下小雪吧！

小雪表示降雪的起始时间和程度，现在就让我们记录下小雪这一天吧！

______年

______月

______日

› 今天天气是晴、雨、雪、阴的哪一种呢？在下面画出来吧！

› 用红笔在右图上画出今天的最高气温和最低气温。

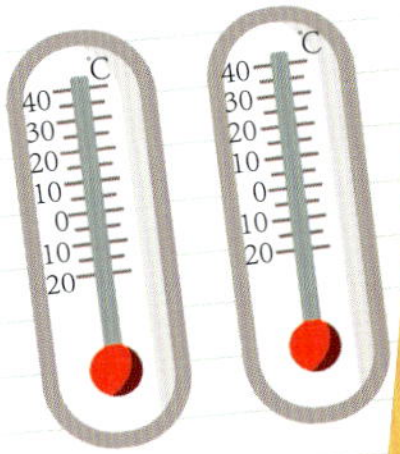

七十二物候·小雪

小雪时节，受强冷空气的影响，我国北方大部分地区的温度都降到了0℃以下。大幅度的气温变化，对大自然的物候产生了哪些影响呢？一起来看看吧！

三候

一候虹藏不见，

二候天气上升、地气下降，

三候闭塞而成冬。

企鹅老师开讲啦！

虹藏不见：气温降低，天降小雪，下雨频率降低，彩虹也就藏起来看不见了。

天气上升、地气下降：阳气上升，阴气下降。

闭塞而成冬：阴阳不交，天地不通，万物失去生机，自然界闭塞而转入寒冷的冬天。

你知道小雪的习俗吗？

为了一家人冬季的口粮，勤劳的人们在小雪时节开始储菜、腌菜，积极做好过冬的准备。

存储冬粮

经过春播、夏长、秋收的各种蔬菜，要在这个时候开始归仓、入窖了。萝卜、土豆、白菜、南瓜、红薯等放入地窖保存。地窖一般挖得又大又深。秋季晾晒好的粮食装袋后，分类放入粮仓保存。

晒鱼干

靠海的人们趁着天气好的时候，把捕捞到的多余的鱼拿出来整理一番晒成鱼干，以便冬季食用。鱼去除内脏和鳞片，清洗干净后用盐腌制。当水分排尽后，洗干净放在鱼架上晾晒。暴晒后转移在通风、阴凉的地方慢慢风干，过两三天鱼肉挤不出水分时就晒干了。晒干的鱼可以拿来做汤、炒菜，味道都很鲜美。

腌菜

小雪节气，民间有腌菜的风俗，如南京有“小雪腌菜，大雪腌肉”的说法。腌菜最初的目的在于蔬菜的贮藏，使蔬菜能够跨季节食用。尤其是冬季没有当季的蔬菜可食用时，腌菜可以帮助人们度过漫长的冬天。

菜缸要提前洗净晾干。

观察小雪节气有什么特别之处？

黄河以北地区刮起了北风，部分地区开始飘雪，人们也开始对植物做相应的保暖措施。

下雪

农谚道：“小雪雪满天，来年必丰年。”意思是小雪落雪，预示着来年雨水均匀，是个丰收年。下雪还能减少来年病虫害的发生。积雪有保暖作用，有利于土壤里的有机物分解，增强土壤肥力。

树木过冬

天气变冷，果农也要给果树“穿衣服”了，在果树的根部绑上草绳，能防止果树受冻。杨树、柳树的根部会被刷上一米高的石灰水，白色的石灰水不仅能杀死寄生在树干上的真菌、细菌和害虫，还能反射阳光，减少树木的昼夜温差，防止树木冻伤裂开。

学一首关于雪的诗

逢雪宿芙蓉山主人

唐·刘长卿

日暮苍山远，天寒白屋贫。柴门闻犬吠，风雪夜归人。

暮色已经降临，山色苍茫让人觉得路途更加遥远，天气十分寒冷，贫苦人家的茅草屋显得更加破旧。柴门外忽然传来狗叫，原来是芙蓉山主人披风戴雪归来了。这首诗用极其凝练的手笔描绘出一幅旅客暮夜投宿、主人冒雪回家的寒山夜宿图。

扫码听诗词

植物小百科：水仙花开了

仔细观察水仙，会发现它有一个肥硕的球状鳞茎，长得很像大蒜和洋葱，所以又叫它“雅蒜”“天葱”。鳞茎洗净切片晒干后还能入药使用。家里养水仙花能吸收噪音，吸收废气，释放清香。有些地方的人们还用它庆贺新年，作为“岁朝清供”的年花。

你可以给水仙花上色吗？

水仙是多年生草本植物，叶片会从鳞茎中生长出来，每个鳞茎可抽出一两枝叶片。花朵大多是 6 瓣，白色，花蕊外有个像碗一样的黄色保护罩。水仙是我国的十大名花之一，距今已有一千多年的栽培历史。

王充道送水仙花五十枝

北宋·黄庭坚

凌波仙子生尘袜，水上轻盈步微月。
是谁招此断肠魂，种作寒花寄愁绝。
含香体素欲倾城，山矾是弟梅是兄。
坐对真成被花恼，出门一笑大江横。

全诗前六句写出了水仙花出尘脱俗的仙姿、洁白素雅的花色、淡雅的清香和俊逸高雅的神韵，后两句来个陡峭的转折，在强烈的反差中体现出参差变幻之美，进而表现作者的精神追求。

保持通风良好，适当加点营养液。

养水仙

水仙很容易养活，把水仙的球茎放在长长的玻璃瓶中，瓶子中间部分稍细一些，放入适量的清水，然后记得多为它换水，在适当的阳光和温度下，水仙就会静静开放了。水仙的根部是白色的长条状，飘荡在玻璃瓶中非常漂亮。小朋友，快动手养一盆试试吧！

大雪

大雪是冬季的第三个节气，也是二十四节气中的第二十一个节气，在公历的 12 月 6 日至 8 日之间入节，标志着仲冬时节正式开始。我国部分地区在这个时候的最低温度降到了 0℃以下，有些地区还会降暴雪。大雪天气相对小雪来说气温更低，降雪的可能性变大，但整体的气候还是比较干燥的。大雪和小雪、谷雨、雨水等节气一样，都是能直接反映降水的节气。

动动小手，记下大雪吧！

大雪节气，我国部分城市披上了白色外衣。现在就让我们记录下大雪这一天吧！

年

____月

____日

›今天天气是晴、雨、雪、阴的哪一种呢？在下面画出来吧！

›用红笔在右图上画出今天的最高气温和最低气温。

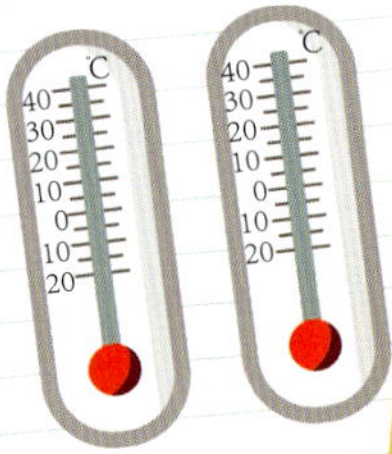

七十二物候 · 大雪

“万山凋敝黯无华，四面嘶鸣晃树杈。白雪欲求吟咏句，穿枝掠院演梅花。”大雪时节，万物凋敝，梅花却准备盛开，大自然中还有哪些物候变化呢？一起来看看！

三候

一候鹖（hé）旦不鸣，

二候虎始交，

三候荔挺出。

企鹅老师开讲啦！

鹖旦不鸣：鹖旦是寒号鸟，因天气寒冷，寒号鸟也不再鸣叫了。

虎始交：大雪节气是老虎繁殖的时候，开始进行求偶行为。

荔挺出：“荔挺”为兰草的一种，它感到阳气的萌动而抽出新芽。

你知道大雪的习俗吗？

下雪了，晶莹的雪花从天空中飘落，整个大地都穿上了白衣，小朋友在雪地里开心地玩耍，而大人们要根据习俗准备一些美食了。

腌腊肉

“小雪腌菜，大雪腌肉。”大雪节气一到，人们就会忙着腌制咸肉。

腌制咸肉，要先把粗盐、八角、花椒和桂皮等香料放在铁锅里炒熟，凉透后涂抹在提前准备好的肉表面，反复揉搓，直到肉色由鲜转暗，表面有液体渗出。然后把肉放到坛子里，把剩下的盐撒到腌肉上，找块石头压住，放在阴凉背光的地方。腌两个星期左右，将腌出的卤汁入锅加水烧开，撇去浮沫，倒入坛子中，再压上大石头。再过十日左右将肉取出，挂在朝阳的屋檐下晾晒干，以迎接新年。

打雪仗、堆雪人

天空下起了鹅毛般的大雪，一早起来，路上、广场上和屋顶上，都被雪覆盖住了，一眼望过去，白茫茫一片。这个时候最开心的事情莫过于打雪仗、堆雪人啦！

打雪仗，充满无穷的乐趣，充满孩童的笑声。当窗外下起大雪时，小朋友们兴冲冲地跑出家门，和小伙伴们一起玩打雪仗，在欢声笑语中享受着冬天独有的快乐。

堆雪人需要先推着小雪球向前滚，越滚越大，最后把大雪球固定好，再用同样的方法做一个小一点的雪球放在大雪球上，插根胡萝卜当鼻子，拿两根枯掉的树枝当手，再画上黑黑的眼睛和眉毛，把自己的红围巾给雪人戴在脖子上，一个可爱的雪人就堆好了。

一起跟着农民伯伯学习农俗吧！

有经验的农民伯伯会根据雪的厚度来判断来年的收成。我国地域广，气候相差大，北方一般都会下雪，南方就不一定会下雪，所以南北方这个时候的农俗也是不一样的。

北方瑞雪兆丰年

“冬天麦盖三层被，来年枕着馒头睡。”北方地区在大雪期间降温幅度较大，平均气温已在0℃以下。此时下雪，不仅能缓解冬小麦的缺水现象，还能给冬小麦保温，增强小麦的抗寒能力。此外，降雪还能冻死一些虫卵，减少来年返青后虫害的发生。

南方农田施肥、清沟排水

江淮以南地区小麦、油菜仍在缓慢生长，要注意施好肥，为安全越冬和来春生长打好基础。华南、西南小麦进入分蘖期，应结合中耕施好分蘖肥，注意加强农作物的清沟排水工作。

大雪覆盖后的庄稼来年长得更好。

动物小百科：老虎求偶

老虎作为百兽之王，有锋利的獠牙和强壮的身体，是力量的象征。老虎一般独自生活，这个季节雄性老虎开始求偶繁殖，打破独居的习惯，和雌性老虎生活在一起。雄性老虎在求偶的时候还会发出很响亮的叫声来吸引雌性。

你可以

给老虎上色吗？

老虎是大型的猫科动物，毛色浅黄或棕黄色，满身黑色横纹，两种颜色互相交错。老虎头圆、耳短，耳朵背面是黑色的，中央有一块白斑很明显。老虎的四肢健壮有力，尾巴又粗又长，有黑色环纹，只有尾巴末端是全黑色的。

老虎求偶交配期一般在11月至次年2月。

猛虎行

唐·张籍

南山北山树冥冥，猛虎白日绕林行。向晚一身当道食，山中麋鹿尽无声。
年年养子在深谷，雌雄上下不相逐。谷中近窟有山村，长向村家取黄犊。
五陵年少不敢射，空来林下看行迹。

这是一首以乐府体写的寓言诗，表面上是写猛虎危害村民的情景，实际是写社会上某些恶势力的猖獗。全诗处处写猛虎，句句喻人事，比喻贴切，描写生动，寓意深刻。

苛政猛于虎的故事

孔子和弟子子路路过泰山时，遇到一名身世凄惨的妇女。当地虎患严重，她的亲人一个个皆被老虎咬死，只剩下她一人对着亲人的坟墓哭泣，但她宁愿一直住在这里，因为其他地方有国君苛刻的暴政。这个故事深刻揭露了社会暴政对百姓的残害，后来就用“苛政猛于虎”来表达统治者的暴政比吃人的老虎更加可怕。

冬至

冬至是冬季的第四个节气，也是二十四节气中的第二十二个节气，在公历的 12 月 21 日至 23 日之间入节，阳光直射南回归线，是北半球一年中白昼最短、夜晚最长的一天，古称“日短”。冬至过后，各地气候都进入了最寒冷的阶段，开始“数九”，每九天为一个“九”。到“三九”前后，地面积蓄的热量最少，天气也最冷，民间有“冷在三九”的说法。

动动小手，记下冬至吧！

冬至这一天，北半球得到的太阳辐射最少，天气也很冷，现在就让我们记录下冬至这一天吧！

____年

____月

____日

› 今天天气是晴、雨、雪、阴的哪一种呢？在下面画出来吧！

› 用红笔在右图上画出今天的最高气温和最低气温。

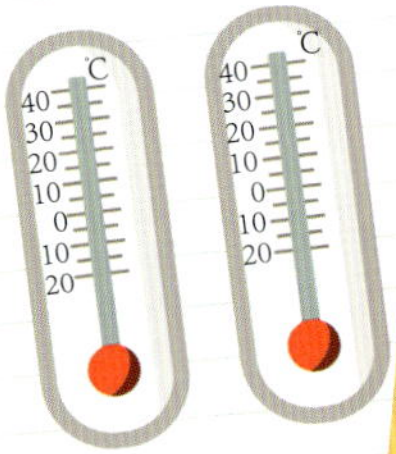

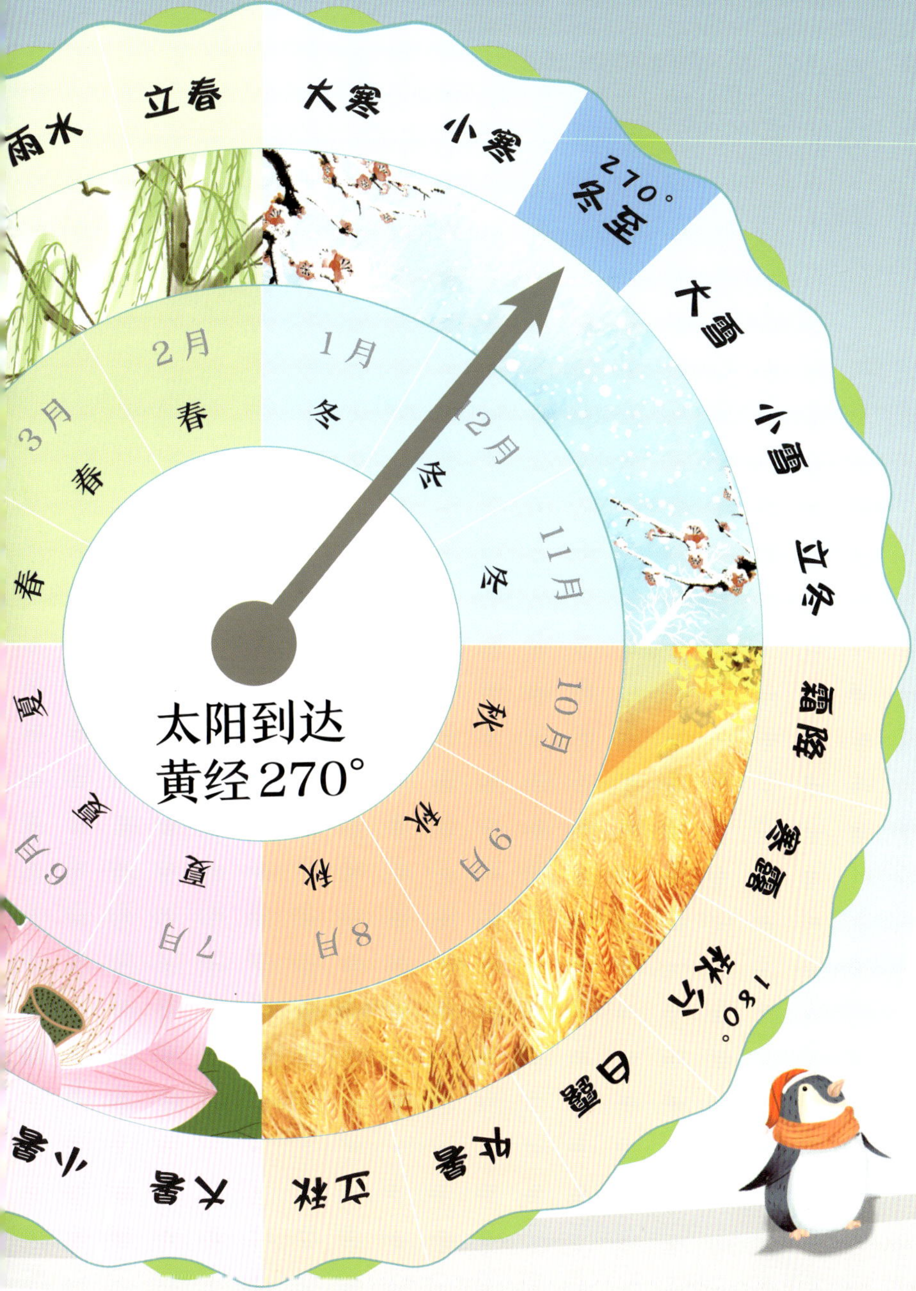

七十二物候·冬至

“吃了冬至面，一天长一线。”这是根据阳光在冬至过后的变化而形成的谚语，代表着白天的时间越来越长，那么自然界中的物候又有什么变化呢？来一起看看吧！

三候

一候蚯蚓结，

二候麋角解，

三候水泉动。

企鹅老师开讲啦！

蚯蚓结：冬至天气寒冷，土中的蚯蚓蜷缩着身体。

麋角解：麋鹿，俗称“四不像”，是世界珍稀动物，雄麋鹿有长长的角，每年冬至前后会自然脱落，来年夏天才会长出新的角。

水泉动：冬至时阳气初生，山里的泉水流动了。

你知道冬至的习俗吗？

古时候，人们很重视冬至这个节气，甚至称其为“小年”，各地流传着不同的习俗。

九九消寒图

九九消寒图是从古代流传下来的，入九以后拿来消遣，以度过漫漫寒冬。

九九消寒图有书法和图画两种形式。书法形式通常是一幅双钩描红书法，为繁体“亭前垂柳珍重待春風”九字，每字九画，共八十一画，从冬至开始每天按照笔画顺序填充一个笔画，每一九填好一个字，直至九九填充完毕。填充笔画时根据当日的天气决定用何种颜色，晴天用红色，阴天用蓝色，雨天用绿色，刮风用黄色，下雪则用白色。有的书法版是对联样式的，每联九字，每字九画，如上联“春泉垂春柳春染春美”，下联对“秋院掛秋柿秋送秋香”等，称为九九消寒迎春联，每天在上下联各填一笔。

图画版的九九消寒图又称作“雅图”，是在白纸上绘制九枝寒梅，每枝九朵，一枝对应一九，一朵对应一天，每天也是根据天气情况用不同的颜色来填充一朵寒梅，直至梅花填充完毕。

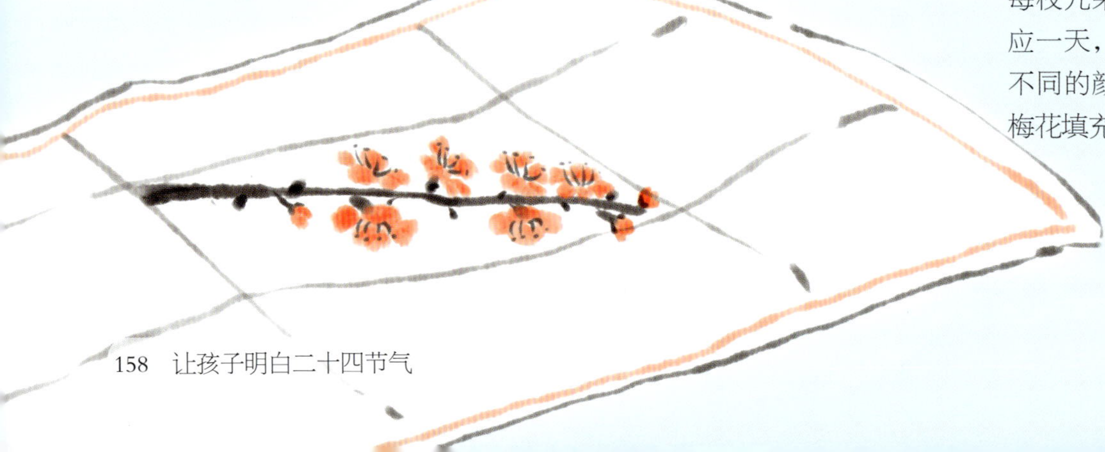

九九消寒图表达了一种迎春的心愿。

包饺子

“十月一，冬至到，家家户户吃水饺。”北方的人们习惯在这一天吃饺子，饺子馅里有肉和菜，煮完饺子的汤也能喝。吃完饺子，身体会变暖和。

馅儿可素可荤，可甜可咸。

饺子皮也可用烫面、油酥面、鸡蛋面或米粉制成。

冬至吃饺子的的故事

据传冬至日吃水饺的习俗是为了纪念“医圣”张仲景。东汉时期的张仲景在任长沙太守时坐堂行医，广济乡民。他辞官回乡时正值冬季，在路上看到很多老百姓饥寒交迫，耳朵都冻伤了，便决定用“祛寒娇耳汤”为百姓诊治。他让弟子在南阳东关搭起医棚，支起大锅，把羊肉和一些祛寒药材先放在锅里熬煮，然后捞出来切碎，用面包成耳朵样的“娇耳”，再放到锅中煮熟，送给老百姓食用。时值冬至日，人们吃了“娇耳”，喝了“祛寒汤”，浑身上下非常暖和，两耳发热，冻伤也渐渐好了。后来，人们为了纪念他，便在冬至这天包饺子吃，并且希望在冬至这天吃了饺子，冬天耳朵不会冻伤。

冬至夜喝冬酿酒

江苏苏州地区有冬至夜喝冬酿酒的习俗。冬酿酒是一种加入了桂花酿造的米酒，香甜可口。在冬至夜，苏州百姓一边畅饮冬酿酒，一边吃着卤牛肉、卤羊肉等各式各样的卤菜，既祛寒又滋补，更寄托了苏州人对生活的美好祈愿。

吃馄饨

馄饨很像饺子，但皮比饺子皮薄。馄饨的馅丰富多样。馄饨的各地叫法不同，江苏称馄饨，广东称云吞，湖北称包面，江西称清汤，四川称抄手。

吃“头脑”

冬至日，银川有喝羊肉粉汤、吃羊肉粉汤饺子的习俗，银川老百姓将冬至日的羊肉粉汤称作“头脑”。这锅汤红有辣椒，黄有黄花菜，绿有蒜苗、香菜，白有粉块、粉条，黑有木耳、蘑菇，香气扑鼻，让人垂涎欲滴。

红黄绿白黑五色俱全，鲜美可口。

冬至积肥造肥

在华南地区，冬至前后是兴修水利、积肥造肥的大好时机，同时要施好腊肥，做好防冻工作。

冬至谚语

1. 冬至晴，正月雨；冬至雨，正月晴。
2. 冬至晴，新年雨，中秋有雨冬至晴。
3. 冬至冷，春节暖；冬至暖，春节冷。
4. 冬至不冷，夏至不热。
5. 冬至暖，烤火到小满。
6. 冬至西北风，来年干一春。

要给正在生长的冬小麦、油菜施足够多的有机肥。

植物小百科：山茶花开了

山茶花是一种常绿的灌木或乔木，一般从寒冷的冬季一直开到春季，郭沫若老先生曾盛赞：“茶花一树早桃红，百朵彤云啸傲中。”我国云南栽植的山茶花最为有名，那里的气候非常适合山茶花的生长，山茶花还被定为云南省的省花、云南省昆明市的市花。

你可以给山茶花上色吗？

山茶花的叶片是革质、椭圆形的，前端略尖，上面是深绿色，下面是浅绿色，无毛，边缘有细锯齿。花朵顶生，颜色是红色的，花瓣是单瓣、半重瓣或重瓣。花梗很短。

邵伯梵行寺山茶

北宋·苏轼

山茶相对阿谁栽？细雨无人我独来。
说似与君君不会，烂红如火雪中开。

寺院中有两株山茶相对盛开，是谁栽种的呢？在冰雪未消、细雨纷纷的冬春时节，诗人独自赏花。山茶花的娇艳姿色和傲然神态，是任何语言都难以表达的，鲜艳的红花似熊熊燃烧的烈焰，映衬着晶莹冰雪和蒙蒙细雨。

植株形态优美，叶绿而有光泽，花艳丽缤纷。

山茶花的历史

我国栽培山茶花的历史十分悠久，南朝已有山茶花的栽培记载。唐代将山茶花作为珍贵花木栽培。到了宋代，栽培山茶花已十分盛行。明代《花史》中对山茶花品种进行描写分类。到了清代，栽培山茶花更盛，新的茶花品种不断问世。现如今我国山茶花品种已有300种以上。

小寒

小寒是冬季的第五个节气，也是二十四节气中的第二十三个节气，在公历 1 月 5 日至 7 日之间入节。小寒节气的到来，标志着人们进入了一年中最寒冷的日子。小寒节气处在农历一年中的最后一个月份，俗称“腊月”。这个时候要注意保暖，多吃一点补充热量的食物，出门要戴好帽子和手套，以免冻伤。

动动小手，记下小寒吧！

十 月节，月初寒尚小，月半则大矣。现在就让我们记录下小寒这一天吧！

______年

______月

______日

›今天天气是晴、雨、雪、阴的哪一种呢？在下面画出来吧！

›用红笔在右图上画出今天的最高气温和最低气温。

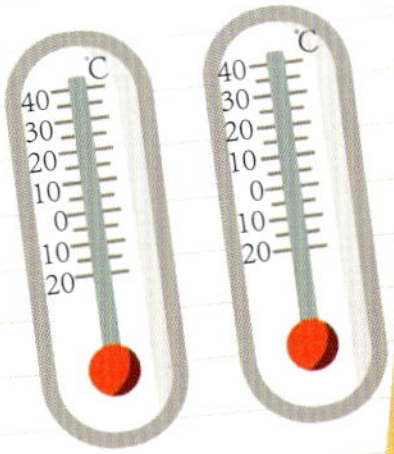

七十二物候 · 小寒

生活在大自然中的动物是最能感受到自然变化的，来看看三候故事吧。

三候

一候雁北乡，

二候鹊始巢，

三候雉始雊（gòu）。

企鹅老师开讲啦！

雁北乡：自然界温度上升，禽鸟对自然界温度的转变极为敏感，大雁开始北迁。

鹊始巢：喜鹊喜欢居住在人类活动的地区附近，常常把巢筑在屋檐下，或附近的树枝上，早早地衔枝筑巢，为来年孵化幼鸟做准备。

雉始雊：大自然生机萌动，雉鸟开始鸣叫。

你知道小寒的习俗吗？

腊八节是小寒节气里的重要传统节日，人们用一些特别的习俗来纪念这个美好的日子，一起来了解一下腊八节的习俗吧！

过年歌

小孩小孩你别馋，过了腊八就是年。
腊八粥，喝几天，沥沥拉拉二十三。
二十三，糖瓜粘；二十四，扫房子；二十五，冻豆腐；
二十六，去买肉；二十七，宰公鸡；二十八，把面发；
二十九，蒸馒头；三十晚上熬一宿，初一初二满街走。

喝腊八粥

农历十二月的第八天是中国的传统节日——腊八节。腊八节喝腊八粥是全国各地老百姓最传统的习俗。腊八粥也被称为“福寿粥”，希望吃了腊八粥的人能增福增寿。旧时，煮腊八粥的材料至少要五谷杂粮中的八样，而如今腊八粥的种类不限，一般有大米、花生、绿豆、红豆、大枣、百合、薏米、小米等。

腌腊八蒜

腊八节还有一个习俗是腌腊八蒜。方法很简单：准备好洗干净的容器，坛子或玻璃瓶都可以。把剥去皮的蒜瓣放入容器中，倒入醋，封口后进行浸泡，泡入味的蒜瓣颜色翠绿，口味偏酸，微辣。有些地区的人们也喜欢在腌制的时候加白糖，这样吃起来酸、甜、辣味都有了。

腊八蒜一般用紫皮蒜和米醋浸泡而成。

关于小寒的故事

小寒快结束的时候，水仙也开了黄心白色的小花，清新脱俗，给沉寂的冬天带来一丝活力和生气。传说水仙是由凌波仙子的银簪变成的。

凌波仙子下凡

相传，在古代，天上的凌波仙子在银河边磨宝镜时，无意中从云雾缝里看到南乡地区旱情严重，民不聊生。一片荒凉的景象触动了仙子善良的心，她抛下手中的宝镜，宝镜落地即碎成九块，南乡顿时清泉四涌，有了九个湖泊，流水潺潺灌入田园。霎时间，花果茂盛，稻熟荔红，连凌波仙子也被这人间美景所吸引，不禁来到湖中游览。

后来，凌波仙子爱上了住在湖畔旁的老百姓陈龙，他们喜结姻缘。凌波仙子掌管水源，南乡年年风调雨顺；陈龙和乡亲们辛勤劳动，南乡五谷丰登。不想，这人间幸福美景触怒了妖龙，它口喷毒火，烧毁了田园村庄。为保卫家园，凌波仙子奋起抗争，陈龙吞下宝珠化为青龙，与妖龙斗成一团，终于邪不压正，妖龙败北，逃上天庭，向王母娘娘告状。王母娘娘听信谗言，调遣天兵天将前来处罚凌波仙子和陈龙。霎时间，南乡天昏地暗，天将还移来了圆山压住了南乡的九个湖泊，从此水断泉枯，陈龙被压在圆山下面。被抓回天庭的途中，凌波仙子望着被毁的家园和被压在圆山下的陈龙，十分悲痛。她拔下银簪，竭尽全力投往遭受苦难的南乡，银簪落在圆山脚下的清泉旁，化作朵朵亭亭玉立、幽香沁人的水仙花。

凌波仙子从此成为水仙花的代称。

植物小百科：蜡梅开了

小朋友，你知道吗？因为蜡梅在腊月开放，所以很多人把“蜡”写成“腊”，其实“蜡”的含义是它的花骨朵平滑厚实，表面像涂了一层蜡一样，所以叫“蜡梅”，小朋友以后一定不要写错哦。

你可以给蜡梅上色吗？

蜡梅属于落叶灌木，叶对生，呈椭圆状卵形至卵状披针形。蜡梅的花以黄色为主，花瓣两轮，闻起来有浓郁的香味。蜡梅在百花凋零的隆冬绽蕾，许多文人雅士赞美它有斗寒傲霜的品格。

扫码听诗词

卜算子·咏梅

南宋·陆游

驿外断桥边，寂寞开无主。已是黄昏独自愁，更著风和雨。
无意苦争春，一任群芳妒。零落成泥碾作尘，只有香如故。

驿站之外的断桥边，梅花孤单寂寞地绽开，无人过问。暮色降临，梅花无依无靠，已经够愁苦了，却又遭到了风雨的摧残。开放在腊月的梅花并不想费尽心思去争艳斗宠，对百花的妒忌与排斥毫不在乎。即使凋零了，被碾作泥土，化作尘土，蜡梅依然散发出缕缕清香。

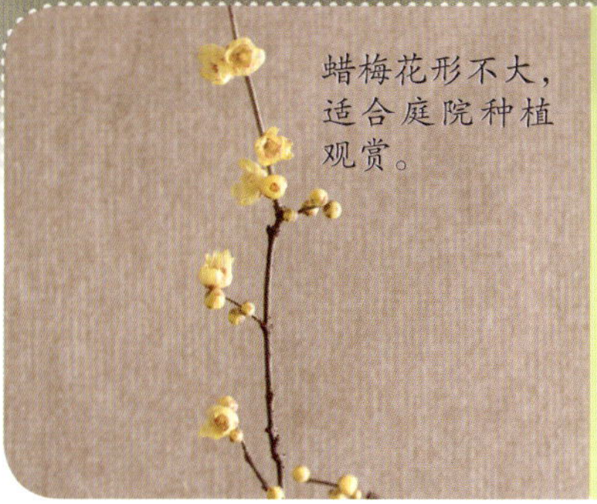

蜡梅花形不大，适合庭院种植观赏。

寻蜡梅

小朋友，你认识蜡梅吗？你闻过蜡梅的香味吗？和爸爸妈妈一起去户外寻找蜡梅吧，然后仔细观察它的特征。

大寒

大雪是冬季的最后一个节气，也是二十四节气中的最后一个节气，一般在公历 1 月 19 日至 21 日之间入节。此时寒潮频繁南下，大风、低温，地面积雪不化，我国大部分地区呈现出冰天雪地的严寒景象。尽管大寒之后才会迎来农历新年，但是往往早在此时就已经充满了浓浓的年味。

动动小手，记下大寒吧！

大寒节气天气寒冷，小朋友们要注意添加衣物哦，现在就让我们记录下大寒这一天吧！

年

____月

____日

›今天天气是晴、雨、雪、阴的哪一种呢？在下面画出来吧！

›用红笔在右图上画出今天的最高气温和最低气温。

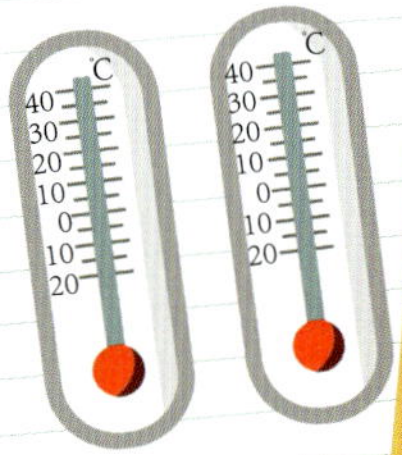

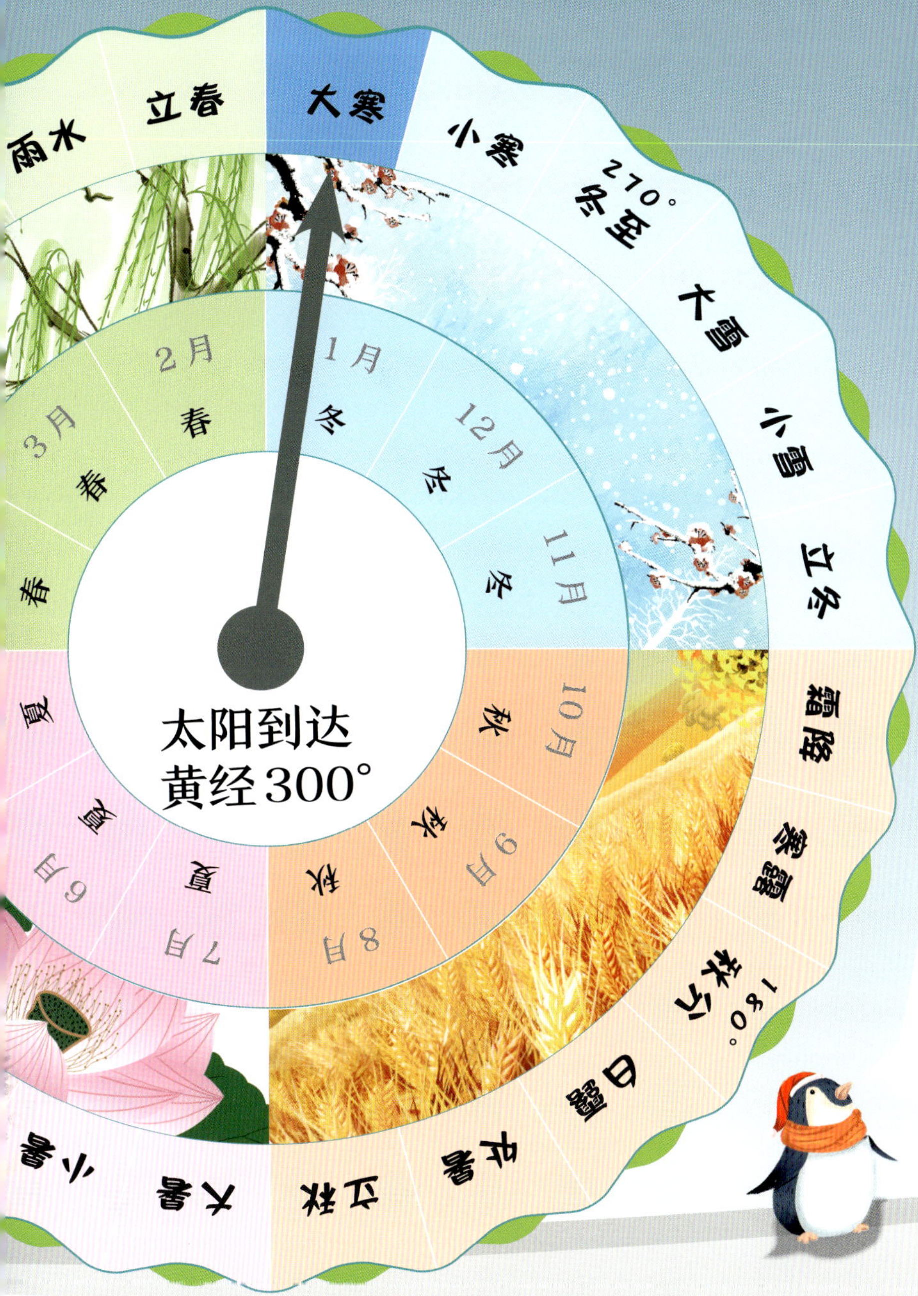

七十二物候 · 大寒

“花木管时令，鸟鸣报农时。”花草树木、鸟兽飞禽均按照季节活动，因此它们规律性的行动被看作区分时令节气的重要标志。那么在大寒时节中，它们有哪些变化呢？一起来看看。

三候

一候鸡乳，

二候征鸟厉疾，

三候水泽腹坚。

企鹅老师开讲啦！

鸡乳：此时节，母鸡正在孵化小鸡。

征鸟厉疾：老鹰、隼等猛禽正处于捕食能力极强的状态，它们盘旋在空中四处寻找食物来补充身体的热量，抵御寒冷。

水泽腹坚：天气太冷，水已经结上了一层厚厚的冰，变得坚硬无比。

你知道大寒的习俗吗？

进入大寒节气就进入了腊月的下旬，离春节也就不远了。春节是我们最期盼、最热闹的节日，年前要做很多准备，小朋友,你知道要做什么吗？

凿冰捕鱼

旧时，人们有在大寒时节凿冰捕鱼的习俗。湖面上结了厚厚一层冰，湖面结冰后，湖中的鱼因为缺氧，喜欢贴着冰层游动，温暖的阳光照在冰面上可以看到有鱼游动，这时只要在冰面破开一个口子，就能很轻松地捕到鱼了。

冬泳

冬泳其实是集冷水浴、空气浴与日光浴于一体的“三浴”。冬日温暖的阳光照着，身体被刺骨的冰水包裹着，口里呼吸着冷冽又清新的空气，对身体有益。

供奉灶王爷

小年，也被称为祭灶节、灶王节。古时，到这一天人们都要在厨房锅台附近的墙壁上供奉灶王爷，祈求一年都能吃饱饭，不会饿肚子。经过一年烟熏火燎，灶王画像已旧。小年这一天，要把旧像揭下，这代表灶王上天向玉皇大帝报告这一家人的善恶去了。为了让灶王“上天言好事，回宫降吉祥”，老百姓要贿赂他，用一块黏稠的糖瓜粘在他嘴上，希望他在玉皇大帝面前美言几句。最后把灶王爷画像烧掉，这整个过程称为辞灶。大年三十再将一幅新灶王画像贴到墙上。

祭灶也为了表示对火的发明者的感激。

扫房、买年货

腊月下旬就有人家开始忙着打扫房屋，收拾院子，贴窗花，为过年做准备。有的会带着孩子上街买新衣服，有的出门购置年货，有的会去购置鞭炮、灯笼、对联，大家的脸上都充满了喜悦。

植物小百科：梅花开了

梅花主要生长在我国的南方，距今已有三千年的栽培历史，是我国十大名花之一，与兰花、竹子、菊花一起列为“四君子”，与松、竹并称为“岁寒三友”。

你可以给梅花上色吗？

梅花的树皮多呈浅灰色，手感平滑。叶片是卵形或椭圆形的，边缘有小锯齿。梅花一般单生或两朵同生于一个芽内，散发着淡淡的清香；花瓣呈倒卵形，颜色有白色、粉红色和红色。

扫码听诗词

梅花

宋 · 王安石

墙角数枝梅，凌寒独自开。
遥知不是雪，为有暗香来。

此诗前两句写墙角的梅花不惧严寒，傲然开放；后两句写梅花的幽香。诗人以梅拟人，以梅花的坚强和高洁品格喻示那些处于艰难环境中依然能坚持操守、坚持正义的人。全诗语言朴素，写得平实内敛，却自有深意，耐人寻味。

辨别梅花和蜡梅

梅花为蔷薇科杏属，属乔木，常见花色有白色、粉红色和红色等。蜡梅则为蜡梅科蜡梅属，属灌木，花色以黄色为主，其他颜色比较少见。

图书在版编目（CIP）数据

让孩子明白二十四节气 / 汉竹主编 . -- 南京：江苏凤凰科学技术出版社，2019.11
（汉竹 · 健康爱家系列）
ISBN 978-7-5713-0558-1

Ⅰ . ①让… Ⅱ . ①汉… Ⅲ . ①二十四节气－少儿读物 Ⅳ . ① P462-49

中国版本图书馆 CIP 数据核字 (2019) 第 172073 号

凤凰汉竹
中国健康生活图书实力品牌

让孩子明白二十四节气

主　　编	汉　竹
责任编辑	刘玉锋　黄翠香
特邀编辑	张　瑜　张　冉　仇　双
责任校对	郝慧华
责任监制	曹叶平　刘文洋
出版发行	江苏凤凰科学技术出版社
出版社地址	南京市湖南路 1 号 A 楼，邮编：210009
出版社网址	http://www.pspress.cn
印　　刷	南京新世纪印务联盟有限公司
开　　本	889 mm × 1 194 mm　1/24
印　　张	8
字　　数	150 000
版　　次	2019 年 11 月第 1 版
印　　次	2019 年 11 月第 1 次印刷
标准书号	ISBN 978-7-5713-0558-1
定　　价	39.80 元（附赠：童声诗词音频）

图书如有印装质量问题，可向我社出版科调换。